Becoming Super Brain

成为最强大脑

"最强大脑"选拔指南

刘嘉 徐苗 / 著

沈阳出版发行集团
沈阳出版社

图书在版编目（CIP）数据

成为最强大脑："最强大脑"选拔指南 / 刘嘉，徐苗著. -- 沈阳：沈阳出版社，2020.1

ISBN 978-7-5716-0859-0

Ⅰ.①成… Ⅱ.①刘… ②徐… Ⅲ.①记忆术－通俗读物 Ⅳ.① B842.3-49

中国版本图书馆 CIP 数据核字（2020）第 015167 号

出版发行：沈阳出版发行集团 | 沈阳出版社
　　　　　（地址：沈阳市沈河区南翰林路 10 号　邮编：110011）
网　　址：http://www.sycbs.com
印　　刷：嘉业印刷（天津）有限公司
幅面尺寸：150mm×230mm
印　　张：13
字　　数：150 千字
出版时间：2020 年 1 月第 1 版
印刷时间：2020 年 1 月第 1 次印刷
责任编辑：马　驰
封面设计：穆　宁
版式设计：猿辅导
责任校对：鲁　微
责任监印：杨　旭

书　　号：ISBN 978-7-5716-0859-0
定　　价：39.00 元

联系电话：024-24112447
E－mail：sy24112447@163.com

本书若有印装质量问题，影响阅读，请与出版社联系调换。

AUTHOR BRIEF INTRODUCTION
作者简介

刘嘉教授,"最强大脑"节目首席科学顾问

——

毕业于北京大学和美国麻省理工学院,北京师范大学心理学部首任部长。现任中芬联合学习创新研究院院长、北京师范大学考试与评价中心主任。"国家杰出青年基金"获得者,"长江学者"特聘教授。兼任中国人才学会超常人才专业委员会会长、中国高等教育学会学习科学分会常务副理事长。

得到APP《心理学基础30讲》主讲人,心理学大众读物《心理学通识》作者。

徐苗,北京师范大学认知神经科学博士

——

毕业于北京师范大学脑与认知神经科学研究院,专注脑与认知能力测评。中国教育学会教育统计与测量分会会员,《图画通识丛书·心理学》译者。

序 Preface

家长朋友在看完"最强大脑"之后,会问我一些问题:那些在节目上的智力超人,他们在现实生活中过得好吗?他们在节目中抖的"小机灵"、耍的"小心机",与我们的现实生活与工作究竟有多大的关系?

在图书市场和公众号或其他媒体上,我们经常能看见这样一些标题:"为什么情商比智商更重要""决定你人生的不是智商,而是情商",等等。似乎智商已经是一个过时的概念,应该被情商等非智力因素所取代。

的确,智力不是万能的。大量的心理学研究表明,非智力因素,如领导力、心理弹性(应对压力和困境的能力)、情绪稳定性(长期保持正性的情绪和稳定的作业水平)、情绪智力(即情商,包含情绪理解、情绪控制、情绪应用等)以及成就动机(远大志向、追求卓越)都与成功有非常密切的关联。缺少这些非智力因素,一个人是很难取得成功的。

但是,没有智力是万万不能的。近期的一项研究发现,在16岁以下的学生中,分数高低仅有4%是来自于非智力因素(如刻苦、专注等),而超过25%是来自于学生在智力上的差异。在后继的研究中,智力在学业成绩上甚至占据了更高的比例。

所以,智力之于成就,就如身高之于篮球。高个子不一定能打好篮球,但教练在选材时一定会选个子高的。更重要的是,智力对孩子的影响,不仅仅限于孩子在学业上的成就——事实上,没有任何一种因素,对孩子人生的影响,能超过智力。

1　高智商成就美好人生

1996年4月28日，星期日。28岁的布莱恩特在早上6点被闹钟闹醒。像往常一样，他吃了早餐，设置好家里防盗警报器之后，到镇上买了杯咖啡，并友善地提醒店员不要把咖啡煮过了。然后，他开车去了附近的亚瑟港。在那里，布莱恩特用两支自动步枪和一支猎枪向无辜的民众扫射，共造成35人死亡，23人受伤，成为澳大利亚历史上最大的凶杀案。

在法庭上，布莱恩特拒绝说出作案的动机，而大众和媒体对他的动机众说纷纭。但是有一点是确定的，他的智商只有66分，根据美国心理学会《心理的诊断和统计手册》，他的智商落在"智力障碍"区间，属于智力残疾。

智商是智力的分数。它反映的是一个人的综合认知能力，如逻辑推理能力、感知事物共性的能力、大脑运算水平等。人的平均智商是100分，68.2%的人的智商在85分到115分之间。如果智商得分高于130分，那就迈入了天才的门槛；而如果低于70分，则是智力障碍。人群中属于这两种极端情况的人很少，100人中只有两到三人。不幸的是，布莱恩特就落在了这个智力障碍的区间。

布莱恩特的犯罪与他的智商有什么关系？大量研究表明，低智商的人因犯罪而入狱的可能性是高智商人的10倍！不仅是犯罪，几乎所有的精神疾病与行为障碍，如反社会型人格障碍、精神分裂症、焦虑症、抑郁症、酒精成瘾与吸毒等也与智力有非常高的关联。平均而言，智商每下降15分，患精神疾病与行为障碍的风险平均就会增加28%。

在生活中，低智商的人生活在贫困中的可能性是高智商的人的

15 倍；而且由于他们通常从事的是复杂性较低、容易被取代的工作，所以低智商的人失业的可能性是高智商的人的 6 倍。同时，低智商的人家庭更不稳定——低智商的人在结婚 5 年内的离婚可能性几乎是高智商的人的 3 倍，有私生子的可能性是高智商的人的 16 倍。最后，低智商的人的寿命也更短——一项对 100 万名瑞典男性的研究发现，低智商人群的死亡风险是高智商人群的 3 倍。

回到家长朋友们的问题：那些智力超常的人，他们在现实生活中过得好吗？答案是让人震惊的：他们不仅犯罪率相当低，遭受更少的精神疾病与行为障碍，同时，在青少年时期，他们的学业会更加优秀，并因此接受更好的教育，找到更好的工作，收入也更高。在生活方面，他们拥有更加美满的婚姻和家庭，积极向上的生活方式，正确的风险管控意识，这使得他们能够到达更高的社会阶层，拥有更好的生理与心理健康，最终拥有更长的寿命（图 1）。

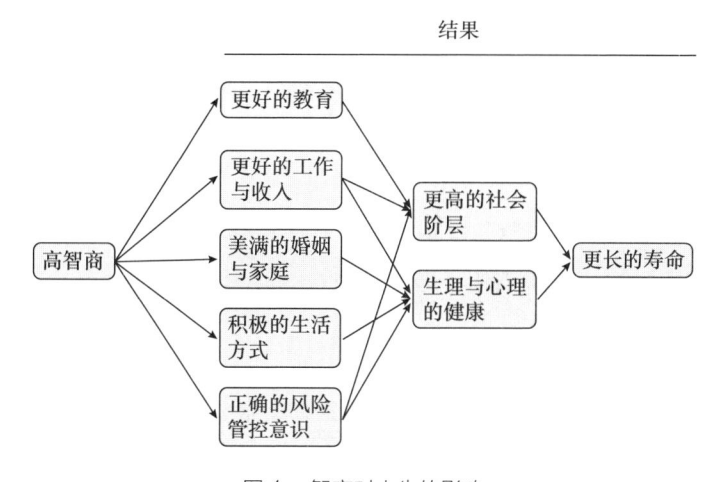

图 1：智商对人生的影响

种痘法的发明者詹纳在 1807 年就指出："我们相信所有人与生俱来都有思考的能力。但不是所有人的灵光都有机会闪耀……只有具有完美智力的人才能体会真理的可爱，并在她受到冲击时挺身捍卫，并向全世界展示她的魅力。他们用智慧管理人们，如雄鹰凝视骄阳般注视荣耀，却不为它的光芒所炫目！"

2　提升孩子的智力需要科学的方法

要提升孩子的智力，首先需要清楚智力究竟从何而来。

达尔文在1871年首次出版的《人类起源和性选择》一书中，提出人类的智力是在自然选择的进程中逐渐完善的。达尔文的表弟高尔顿将这一观点推向极致。在对一些名门望族的族谱进行研究之后，高尔顿认为天才是由遗传所决定的，而这些名门望族的子弟生来就拥有天才的基因。

现代的遗传学研究纠正了高尔顿这种比较极端的观点，更强调智力的可塑性，即后天环境（如教育、经历）可以改变孩子的智力。心理学家通过对同卵双胞胎（由同一个受精卵发育而来，因此具有基本上一样的遗传物质）和异卵双胞胎（由两个受精卵独立发育而来，因此他们在遗传上的相似性与兄弟姐妹类似）的研究，发现智力的高低大约有50%来自先天遗传（即父母的基因），而另外50%则来自后天环境的影响。

简单地说，基因决定了智力发展的上下限，而积极的后天环境则决定了智力在多大程度上能接近于其上限（图2）。所以，具有完全一样的基因，仅仅意味着具有完全一样的起点，但是因为后天环境的差异，他们的智力会走上完全不同的发展路径。

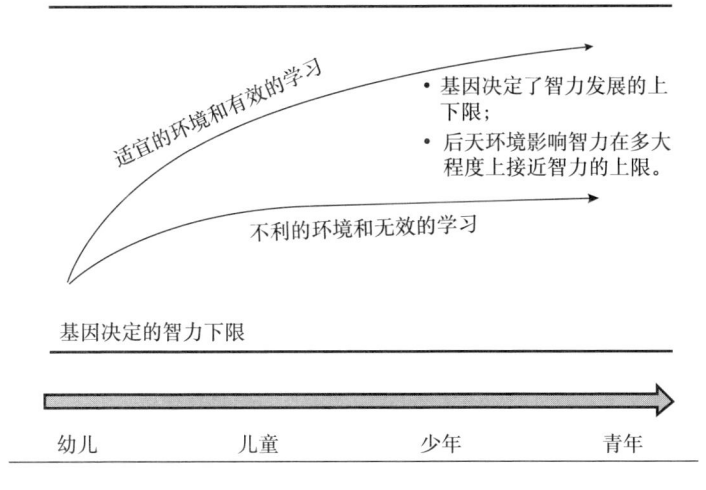

```
基因决定的智力上限
─────────────────────────────────

        适宜的环境和有效的学习 ──→     • 基因决定了智力发展的上
                                        下限；
                                      • 后天环境影响智力在多大
                                        程度上接近智力的上限。
            不利的环境和无效的学习 ──→

基因决定的智力下限
─────────────────────────────────

     ──────────────────────────→
     幼儿      儿童      少年      青年
```

图 2：遗传和环境对人的智力影响

遗憾的是，环境对智力的影响是一个缓慢而悠长的过程，并没有什么灵丹妙药或者短期见效的办法使环境的作用立竿见影。

例如，通过听莫扎特的乐曲提升智力的所谓的"莫扎特效应"已经被科学实验证伪。事实上，仅仅通过听音乐或者观看视频是不会在短期内提升智力的。类似的，没有任何科学的证据表明所谓的"右脑开发""全脑开发"等方法能有效地提升智力。

在饮食方面，通过给营养不良的孩子提供充足的营养，的确能够提升他们的智力。但是对于现在营养已经充足的绝大多数孩子，额外的营养并不能带来额外的收益。再如，坊间传闻的"母乳喂养的孩子智商更高"，其实是因为智商高的母亲更倾向于母乳喂养；而一旦把遗传因素（聪明的妈妈会有更聪明的孩子）排除掉，就会发现母乳喂养的效果其实是微乎其微，完全可以忽略不计。

而真正被无数科学研究证实对智力提升有作用的因素只有一个，那就是教育！**教育，也只有教育，才是唯一的、能稳定地有效地提升**

孩子智力的方法。研究表明，每多接受一年的教育，智商平均增加3.7分。基于这些发现，美国开展了佩里学前教育研究（于1962年启动）和卡罗琳娜州初学者计划（于1972年启动）等教育项目，以此给穷困家庭的孩子额外的学前教育，以提升他们的智力，改变他们的人生，打破阶层固化。

更重要的是，教育不仅能通过数学、阅读等课程学习提升抽象思维，培养孩子的记忆力、计算力、观察力、空间力、创造力和推理力等六维能力，而且还有助于提升孩子的专注力，从而提升学习效率。此外，教育的环境与氛围，有助于孩子更好地沉浸在学习之中，从而养成良好的行为习惯。而良好的行为习惯，可以放大基因的作用，更好地发挥基因的潜能。

3　家长是孩子最好的老师

教育是提升孩子智力的唯一途径，但是学校并不是教育的唯一场所。家庭教育对于学前以及小学、初中的孩子更显重要。家中藏书的多少，父母对教育的积极态度等都是提升孩子智力的重要因素。

更重要的是，家庭是因材施教的最佳教育场景。所谓"各适其性，各逐其生"，每一个孩子都具有自己独特的天赋，是独一无二的，因此不存在普适所有孩子的最好的道路。所以，最好的路，一定是个性化的，一定是针对孩子的独特天赋的教育方案和发展途径。

但是，在宏观的社会文化层面，国家推行的理念、主流文化的价值观等，是面向所有孩子的共性，而并非针对每个孩子的独特个性；在中观的学校层面，一个老师在授课时需要同时面对数十个孩子，因此无法针对孩子做出千人千面个性化的指导。只有在家庭，父母才会与自己孩子真正的"一对一"：针对孩子的天赋，扬长避短，为孩子规划适合他们的成长路径。

所以，真正的引路人，真正的扶持者，只能是来自父母。一个好的妈妈，胜过好老师；一个好的爸爸，胜过明星偶像。

基于脑科学的最新研究成果和现代心理测评技术的心理测量是父母规划孩子人生必不可少的工具。类似于每年都需要做的身体检查，心理测量是对孩子的心智发展状况进行的科学检查。儿童及青少年的大脑处在其一生中发展最为快速、可塑性最高的阶段，所以需要心理测量来准确地、持续地对儿童、青少年的大脑发育状况进行检测。

一方面，它让家长能够动态地掌握孩子大脑的可塑性变化，从而选择适合孩子大脑发育水平的适时、适当的教育手段和内容（例如分级阅读），事半功倍。另一方面，孩子的大脑结构与功能存在显著的个体差异，有些孩子可能由于大脑发育异常出现自闭症、注意缺陷与多动综合症以及学习障碍等认知障碍，而通过心理测量可对这些孩子进行早期鉴别，然后采用有针对性的训练改善或者部分恢复他们的认知功能。与此相对的是智力超常孩子——他们参与计算、空间认知、记忆等的大脑区域在结构和功能上与普通孩子存在显著的差异。因此，他们对学校教学环境、学习内容和教师能力有着截然不同的要求，需要开展超常教育。否则就会浪费天赋，让天才泯然于众人之中。

但是，家长并不需要成为学科专家——把学科教育交给学校和专业的教育机构去做；家长需要成为的是家长专家——决策孩子的教育内容，规划孩子的生涯发展，最终掌控孩子的发展路径。

本书所提供的心理测量则可以帮助家长来初步了解孩子的智力发展状况，找到孩子的特长与短板，从而因材施教。

本书共包含四个部分，分别如下：

PART 1：走进最强大脑——"最强大脑"初/复试简介。这部分介绍了各项测验的背景、测验的结构、测验答题说明以及对参与测试的孩子的答题建议。

PART 2：挑战最强大脑——"最强大脑"初/复试真题解析。这部分包含了各测验中不同题型的介绍、例题和思路分析，以及2017年到2019年"最强大脑"初/复试选拔的真题精选及答案。此部分还包括对每项分数的解读，帮助孩子了解自己在这六项能力上的表现。

PART 3：成为最强大脑——就家长如何提升孩子智力提出建议。这部分介绍了各项能力提升的方法。特别的，这部分引入了智力发展关键期的概念，让家长在孩子发展的不同时期，给予孩子合适的引导和教育。

PART 4：最强大脑的故事。这部分介绍了"最强大脑"选手的成长故事和学习经验，帮助家长和孩子了解成为最强大脑所需的"非智力"因素。

提升孩子的智力，只是一个开始，更长的路，是家长的陪伴和指导。在短期，是提升孩子的学业成绩；在中期，是提升孩子的综合素质；而在长期，则是要为孩子的大学专业、工作职业做谋划。因为有计划的人生，才有可能是一个成功的人生。

愿这本书，能协助家长朋友把孩子培养成为一个高智商的人、一个自主发展的人，在拥有完美的学业的同时，还拥有健康的生活态度和行为习惯，从而在成功的路上，走得更快、更稳、更远！

刘嘉
2020年1月

目录 Contents

PART 1　走进最强大脑

为什么要成为最强大脑 / 002

超常人才的六维能力 / 005

PART 2　挑战最强大脑

"最强大脑"初 / 复试真题简介 / 014

"最强大脑"初 / 复试真题解析空间能力测验 / 016

空间力——体验版 / 017

空间力——最强大脑版 / 027

"最强大脑"初 / 复试真题解析观察力测验 / 043

观察力——体验版 / 044

观察力——最强大脑版 / 057

"最强大脑"初/复试真题解析推理力测验 / 070

推理力——体验版 / 071

推理力——最强大脑版 / 082

"最强大脑"初/复试真题解析创造力测验 / 092

创造力——体验版 / 093

创造力——最强大脑版 / 098

"最强大脑"初/复试真题解析计算力测验 / 104

"最强大脑"初/复试真题解析记忆力测验 / 119

PART 3　成为最强大脑

大脑的可塑性与提升的关键期 / 130

0—3岁脑力开发：感知训练 / 133

3—6岁脑力开发：空间力、记忆力和计算力 / 135

6—15岁脑力开发：空间力、推理力和创造力 / 145

超越智力，提升综合素质 / 158

PART 4　最强大脑的故事

任务投入 / 167

行胜于言 / 179

PART 1

走进最强大脑

为什么要成为最强大脑

我国以史无前例的高速发展了四十年，所有的目光都聚焦于我国还能快速发展多久；而高速、持续的发展的核心动力就是人才。同时，随着移动互联网、人工智能等新技术的迅猛发展，全球一体化的进程越来越快，国际之间的人才流动、竞争和合作都在加剧。所以，国家之间的政治、贸易之争，逐渐演化为各国科技实力的竞争、创新人才的人力资源的竞争。因此，我国对人才的需求比历史以往任何时刻都更加迫切。"最强大脑"指的就是这里的拔尖创新人才。

最早意识到创新人才的重要性的是上世纪五六十年代的美国。在1957年，苏联发射成功了第一颗人造卫星，美国开始在太空竞争上处于劣势。这促使美国更加重视高科技，把更多的注意力和资源投入到鉴别和培养创新人才之中。在过去的六十年里，美国连续发布了《国防教育法案》《马兰报告》《天才儿童教育法》《天才与有才能学生教育法》《K·杰维斯超常教育法案》《国家卓越：发展美国人才之道》等十几份政策文件来推动拔尖创新人才的培养，以满足国家发展的需要。以此为开端，英国、德国、澳大利亚、俄罗斯、韩国、日本等教育强国纷纷开始开展超常教育，以培养拔尖创新人才。

我国的超常教育起步相对比较晚。1978年恢复高考，中国科技大学率先创办我国第一个大学少年班；1984年，天津实验小学建立了我国第一个超常儿童教育实验班。目前全国范围有几十所学校建立了各种类型的超常教育实验班。但是，开展超常教育的学校数量与我国超常人才的数量是极不匹配的——目前，我国中小学生约为 20,828 万人（2013 年数据），超常人才按 2% 的比例来估算，我国至少有 400 万儿童、青少年属于超常人才——这个数量接近德国中小学生总数的一半。如此庞大的群体，却长期被忽视！因此，我们希望通过《成为最强大脑》一书为家长和教师提供一些初步的工具来鉴别孩子的智力水平，从而给他们提供更有针对性的教育。

针对性的教育对超常儿童而言，是必须的。1972 年，美国政府教育专员、斯坦福大学心理学教授马兰向国会提交了一份关于超常教育的报告。这就是著名的《马兰报告》。在报告中，他指出，"超常儿童如未得到相应的帮助或支持，将可能导致其遭受心理伤害，并且其超常的能力可能永久丧失。这与其他需要特殊教育的儿童未得到及时救助时所遭遇的伤害相同，甚至更大。""研究表明，通过调整教育方法、环境和采用适合他们的学习节奏，超常儿童常见的心理或社会交往等问题会逐渐消失。"2004 年，美国多个研究机构和基金会共同发布了一份关于美国超常教育现状及建议报告——《国家被骗：美国学校如何阻碍了高天资学生的发展》。该报告认为对于超常儿童而言，加速教育对学习和社交能力发展都具有长远效益。

需要注意的是，超常儿童并不是狭隘地指那些智力超群的儿童——超常儿童的鉴别指标已经从早期的、以 IQ 测验为核心的评价指标，发展到如今的包含多元智能、特殊领域才能（如语言、数学、音乐、美术）等的综合评价指标（详见本书 **Part 3 成为最强大脑**）。同时，超常教育也不仅仅是让超常儿童走捷径成为少年大学生，而是让有潜能的儿童通过个性化的教育去完全实现他们的潜能。所以，不要把"成为最强大脑"变成追逐考试考分的游戏，而是通过意识到自己的天赋与短板，真正做到"各适其性，各逐其生"。这正如一位参加"最强大脑"的选手在赛后总结的:"每个人都是普通的,因为厉害的人也就那么几个;每个人又是不普通的,因为自己身上总会有与众不同的地方。不要因为一时的普通,而否定了自己的可能性。"的确,只要能找到自己的天赋并充分实现它,就能成为最强大脑。

奥地利小说家斯蒂芬·茨威格在《人类的群星闪耀时》一书中说,真正具有世界历史意义的时刻是由一个一个闪耀在人类文明和历史中的星所推动的。的确,一个民族、一个国家的综合实力取决于它有多少创新人才在进行创新性劳动——因为创新是一个民族进步的灵魂,是国家兴旺发达的不竭动力。

"筚路蓝缕,以启山林"。成为最强大脑,成为未来时代的栋梁!

超常人才的六维能力

什么是超常人才？心理学对这个问题的研究已经有近百年的历史。1921年美国斯坦福大学的心理学家推孟首次定义了超常人才。他在一份世界智力量表"比奈－西蒙智力量表"的基础上修订了"斯坦福－比奈量表"，并在人群中进行了大范围的测查，将智力测验中得分超过140分的人定义为超常人才，并进行跟踪研究。在此之后，斯坦福－比奈智力量表等标准化智力测验成为寻找人群中超常人才的重要手段，超常人才是高智商的人也成为学界和大众普遍接受的概念。

1 智力核心——推理力

100年后的今天，心理学家已经研发出很多标准化智力测验，比如斯坦福－比奈量表第五版，韦氏智力测验，瑞文测验，WJ认知能力测验，考夫曼智力测验等。虽然他们各有不同，但是主要功能都是测量智力核心——G因素，即人们所有的智力活动都依赖的心理能力。对G因素常见的测量方式就是推理能力测验，用于测量人们运用知识解决问题的能力，以已知推未知的能力。在推理能力测验中表现好的个体，善于发现规律、总结规律和运用规律，表现为擅长举一反三，学习能力和解决问题的能力强。

常见的推理能力测验有瑞文测验、韦氏矩阵推理测验、斯坦福比奈言语类比推理测验等。测验通常要求参与者思考图形（或文字）之间的规律，并依照规律完成题目。下图是瑞文测验中的一道例题。在2017年的"最强大脑"初/复试中，我们选择了图形推理（类似瑞文推理），用于测量参与者的推理能力。

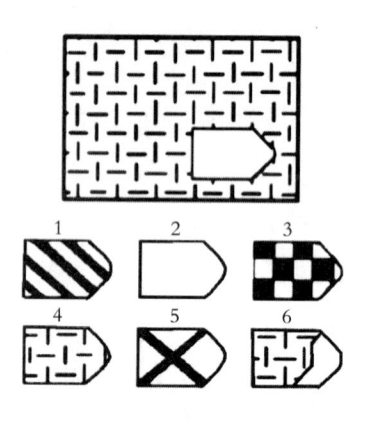

瑞文智力测验例题

推理能力发展难度比较高，个体之间的差异较大。良好的推理能力是很多职业所必需的，如调研型的职业如科学研究人员、工程师、电脑编程人员、医生、系统分析员、证券行业研究员等。这些职业都要求具备推理分析才能，并将其用于观察、估测、衡量、形成理论、最终解决问题。

2 STEM 基础——空间力

视觉空间能力是超常人才筛选中的另一项重要指标，它决定了个体在科学（Science）、技术（Technology）、工程（Engineering）和数学（Math）等理工科领域（STEM）上的表现。教育界认为，在知识经济时代，培养具有 STEM 素养的人才是提升国家竞争力的关键，STEM 上表现突出的人才能够促进科学和技术的发展。早在 1971 年，约翰霍普金斯大学的心理学家斯坦利创建了"数学早熟少年研究计划"，开始以 STEM 为导向对超常人才进行选拔和培养。基于该研究计划而成立的英才少年中心（Center for Talented Youth）培养了出色的学生，其中包括 Google 公司的共同创始人，Facebook 的 CEO，以及在科学、艺术、政府以及各个专业领域的领军人物（Johns Hopkins Center for Talented Youth; http://cty.jhu.edu/about/mission）。

视觉空间能力具体指准确感觉视觉空间，并且能把所知觉视觉内容在头脑中构建出来的能力。空间能力直接影响人们的形象思维，它决定了个体对线条、形状、结构、物体间的空间关系是否敏感，能否准确辨认方向和规划路线。空间能力强的个体能够准确地重现以往的视觉信息，可以在头脑中完成更复杂的操作，可以运用想象对物体和环境进行改造，甚至是创造。

视觉空间能力也是智力测验中的一个常见部分：

智力测验	包含的空间能力测验
斯坦福-比奈量表	Form boards Form patterns Position and direction
韦氏智力量表	拼积木（Block design） 拼图（Picture Completion）
WJ 认知能力测验	心理旋转（Mental rotation） 空间关系（Spatial Relations）

下图为韦氏智力量表中 Block Design 的示例，任务是用 9 个左侧所示的立方体，拼出右侧的图案。

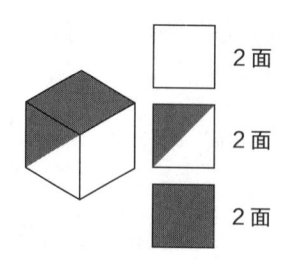

下图为心理旋转（Mental Rotation）测验中的一类题目，任务是判断左右两个不规则图形是否相同。

在 2019 年的"最强大脑"初/复试中，我们心理旋转测验的基础上升了难度，期望通过测评选出视觉空间能力卓越的青少年。

良好的视觉空间能力是很多职业所必需的，如飞行员、雕刻家、画家、建筑师和科学家。飞行员即使在复杂气象条件下、甚至是高速旋转飞行中，也需要对飞行姿态、位置和运动状况有准确判断；爱因斯坦、霍金等物理学家，在研究相对论、黑洞，引力波等理论时，需要在头脑中构建超越日常经验的空间和坐标系统，他们也有极为优秀的空间能力。

3 打破边界——创造力

随着智力理论发展和实证研究的积累，心理学家发现，儿童在智力测验上的杰出表现，并不足以让他们成为自己所在领域的精英或领袖。心理学家推孟的研究小组对智商超过 140 的近 1500 名儿童进行了追踪研究。研究者发现这近 1500 名超常儿童在成年后，其中有一些并未在事业中取得成功，没有实现他们的潜能。随后的心理学研究发现，超常人才的特征不应仅仅是具有超常的智力。超常人才的定义被进一步拓展，美国心理学家任祖利提出了"三环天才"的概念，认为超常人才除了需要超越常人的能力，还需要创造力。著名学者钱学森先生也曾强调创造力的重要性，他认为创造力是杰出人才的必备素养。他说："现在中国没有完全发展起来，一个重要原因是没有一所大学能够按照培养科学技术发明创造人才的模式去办学，没有自己独特的创新的东西，老是'冒'不出杰出人才。这是很大的问题。"

从心理学角度上说，创造力指的是思维活动的创造意识和创新精神，不墨守成规、奇异、求变，表现为"针对一个开放式问题，产生多种多样解决方法的能力"。心理学家吉尔福特认为独创性、灵活性和流畅性是创造新思维重要的三个特征。创造力强的个体表现为心智活动流利顺畅、反应迅速、不依常规、寻求变异、探索多种答案的特点。

远距离联想测验是一个较为常见的创造力测验，考察了个体的发散思维，以及将发散思考后得到元素重新整合的能力。远距离联想通常包含三个词，这里以 Bowden 和 Beeman 修订的远距离联想中的一题为例，三个词分别为 Falling（降落）、Actor（演员）和 Dust（尘埃）。测验的要求是想到第四个词与以上三个词都相关，比如 star，它可以与第一个词构成 falling star（流星）、star actor（明星演员），以及 stardust（星团）。在 2017 年的"最强大脑"初/复试中，我们开发了远距离联想的中文版，用于测试参与者的创造力。

具有良好创造力的人对新事物都很敏感，而且具有回避老一套解决问题的强烈愿望。许多职业都要求具有一定的创造性思维。艺术型的如作家、摄影家、音乐制作等；调研型的如科研人员、教师、工程师等。可以这样说，创造性思维是分析和解决问题的一种基本方式，拥有这样的思维方式能够让人体现属于自己的价值。

4　新基础技能——计算力

我们在最强大脑选拔中新加入了"计算力"测验。此处的计算力并不是指加减乘除这类数学运算，而是指"计算思维"，即借助计算机和编程思想解决问题的能力。当今计算机科学已成为许多学科的重要组成部分，在经济机会和社会流动性方面已经成为一门"新基础技能"。计算机已经成为人类社会中非常重要的一项工具，很多问题在计算机的辅助下有了新的解决思路，比如循环、遍历、迭代、递归等。一个人具备良好的计算思维能力，也就意味着他能借助如今最强大的工具帮助自己解决问题。因此，我们在最强大脑中加入了"计算力"的评估。

"计算力"也是未来教育的重点发展方向。计算思维作为人类科学活动的三大思维方式之一，成为 21 世纪每个人都应具备的能力。2021 年国际学生评估项目（PISA）将率先纳入计算思维测评——从而考察全球 15 岁中学生应用逻辑解决问题的素养。我国教育部在 2017 年颁布的新课标中，计算思维成为信息技术学科核心素养，从而使新时代学生能够更好地适应互联网＋、大数据、信息技术、人工智能等技术的发展。

5　精准输入与保存——观察力与记忆力

观察力和记忆力是相对基础的认知能力，也是 CHC 智力模型的重要组成部分。观察力是个体有效处理视觉信息的能力，在人类获取的外界信息中，有 80% 左右来自视觉，观察力的发展影响孩子获取信息的能力。观察不是简单的观看，而是一种有目的、有计划的感知活动。观察力的基础是大脑对视觉信息的加工，观察力强的个体对视觉信息的表征认识精确；观察力依赖思维的监控，是有目的、有计划地选择视觉信息进行处理，而不是无目的全盘接收。人们在完成观察时，需要注意力的支持，只有注意力集中，才能避免外界的干扰，完成观察。有效的观察一定需要具备视觉加工、思维监控、注意集中这三个特点。观察力的发展水平，决定了个体获取信息的效率，优秀的创造力能够为思考和创造积累丰富的素材，因此是"最强大脑"考察的一项重要能力。

记忆力就是对外界输入信息的储存和提取能力，是"最强大脑"选手选拔中关注的一项基本能力。记忆力的类型非常多，本次测评评估的主要是"关联记忆"（associative memory），是记忆多个无关事物之间关系的记忆。例如，你新认识了一位朋友，需要记住这位朋友的面孔和他的名字，更重要的是记住面孔和名字之间的关系；学习新的英语单词时，我们需要记住单词的形态，也需要记住单词关联的含义。

关联记忆是我们学习和解决问题时重要的帮手。因为每一项知识或概念都不是孤立存在的，我们解决的问题往往也需要调用多项相关知识和经验。而良好的关联记忆力意味着信息在大脑中的储存组织程度更高，结构化更好，彼此关联更加紧密，在提取相关信息时效率和准确性就更高。

关联记忆对人们的意义不仅在于信息的储存，还与语言表达能力、联想能力和创造力等能力有着密切的关系。关联记忆能力高的个体通常在语言表达、思维联想以及创造力上也可能有更好的表现。较强的关联记忆能力可以使个体在进行语言表达、思维联想时更快更流畅地从大脑中提取相关信息，而且个体具有较强的关联记忆能力，就会记住更多的日常生活和学习中收获的个人经验与知识并加以利用，这更有利于进行思维的碰撞，因此也更富于创造力。

PART 2

挑战最强大脑

"最强大脑"初/复试真题简介

"最强大脑"测试由北京师范大学心理学部刘嘉教授和徐苗博士开发,旨在从人群中找到智力超群的个体,参加江苏卫视综艺节目"最强大脑"的挑战。

本书在包含原有的空间力、推理力和创造力的基础上,新增了记忆力、计算力和观察力,构成了"最强大脑"节目中的核心六维能力。这六项能力不仅是智力的核心组成部分,也是人们在学业和职业发展上取得成功的基础。通过阅读本书,你能够了解自己在这六项能力上的表现,并学习到提升能力的方法。

在空间力、观察力、推理力和创造力四项测评中,提供"体验版"和"最强大脑版"两个版本。两个版本评价能力一致,"最强大脑版"为正式选拔的标准难度,"体验版"难度较低,方便孩子们尝试和体验。

考察能力		题量	限时	形式
空间力	体验版	25题	5分钟	选择
	最强大脑版	36题	5分钟	选择
观察力	体验版	16题	5分钟	选择
	最强大脑版	16题	5分钟	选择
推理力	体验版	20题	20分钟	选择
	最强大脑版	20题	20分钟	选择

续表

考察能力		题量	限时	形式
创造力	体验版	25题	2分钟	填空
	最强大脑版	20题	3分钟	填空
计算力	最强大脑版	15题	40分钟	选择
记忆力	最强大脑版	54题	记忆：5分钟 回忆：15分钟	选择

"最强大脑"初/复试真题解析

空间能力测验

空间力——体验版

1　测验介绍

适用年龄：5岁以上。

本测验是空间力的体验版本，曾经用于2017年的"最强大脑"挑战者选拔。每个题目中会呈现一个立方格图案组成的，四个选项中仅有一个图案是由题目中的立方格图案旋转得到的，你的任务是判断选项中哪一个立方格图案符合题意，并在对应的选项上画"〇"。本测验共有25题，答题时间为5分钟。

本测验主要考察的是空间力，挑战者需要在头脑中想象三维图形旋转后的样子。空间能力强的挑战者，想象更为精确，解题速度也更快，能够在单位时间内完成更多的题目。

2　例题

题目	A	Ⓑ	C	D

解题思路：

解题需要关注立体图形的形状，以及旋转的角度。尝试在脑海中构建一个立体图形并将其旋转。注意镜像图形，在旋转后迷惑性较大。在真题中，立体图形在空间中旋转的方向会更不规则，角度也会更大。

题目解析：

A 项，立体图形中有三条边在同一平面上，A 项中的立体图形并没有这一特征，因此 A 项错误。

B 项，立体图形向左（顺时针）旋转 60° 左右，可以得到题目中的立体图形，因此 B 项正确。

C 项，立体图形向前旋转 90° 左右，可以发现 C 项是题目中立体图形的镜像，因此 C 项错误。

D 项，立体图形向右旋转 60° 左右，可以发现 D 项中的立体图形是题目中立体图形的镜像，因此 D 项错误。

3 挑战

观察下列各题中左边的立方格图案，请选择将其旋转后可以得到的图形。共 25 题，限时 5 分钟。

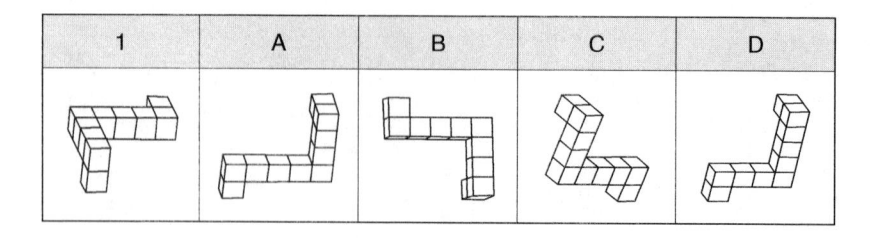

1	A	B	C	D

PART 2 挑战最强大脑 / 019

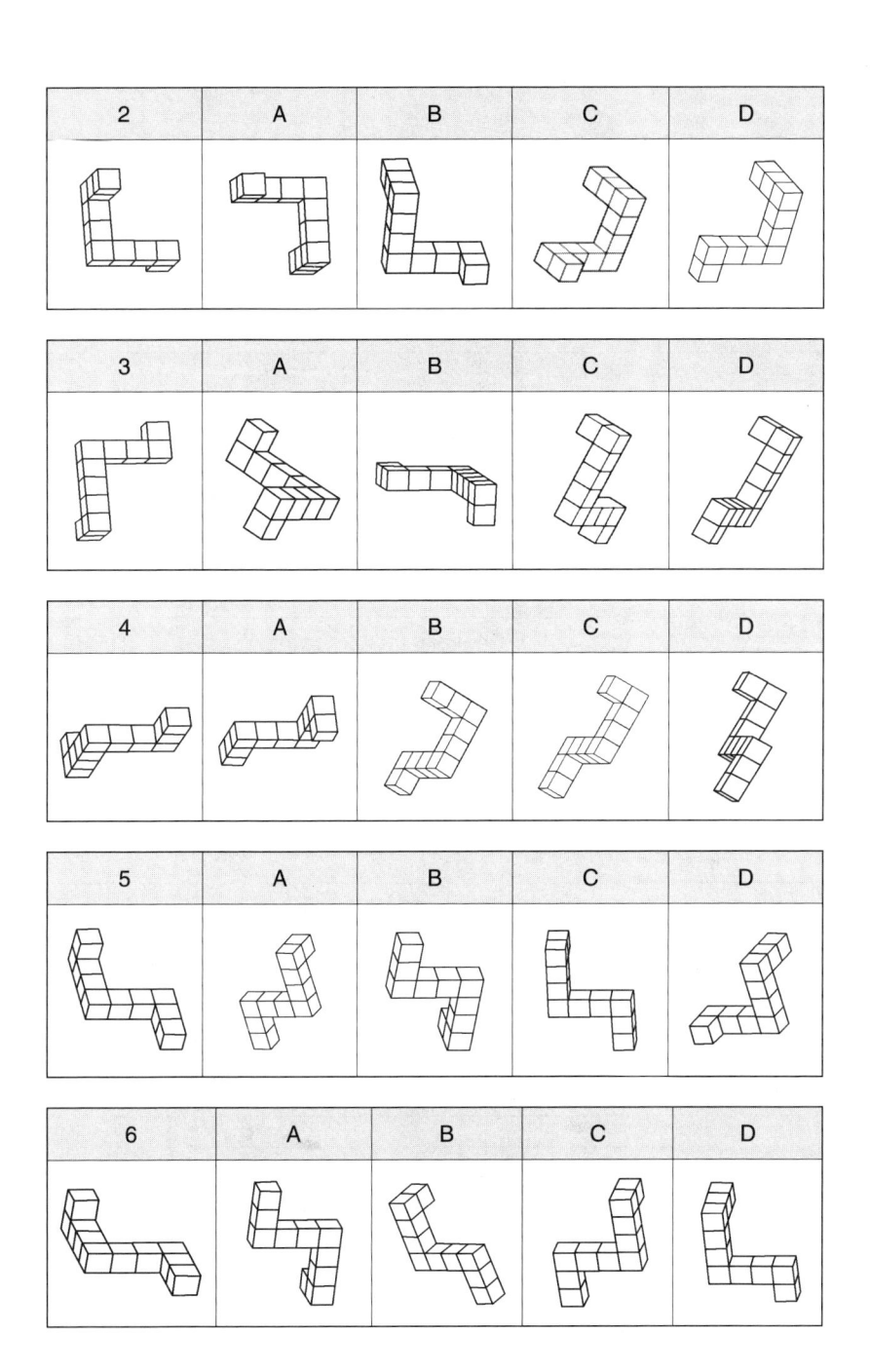

020 / 成为最强大脑

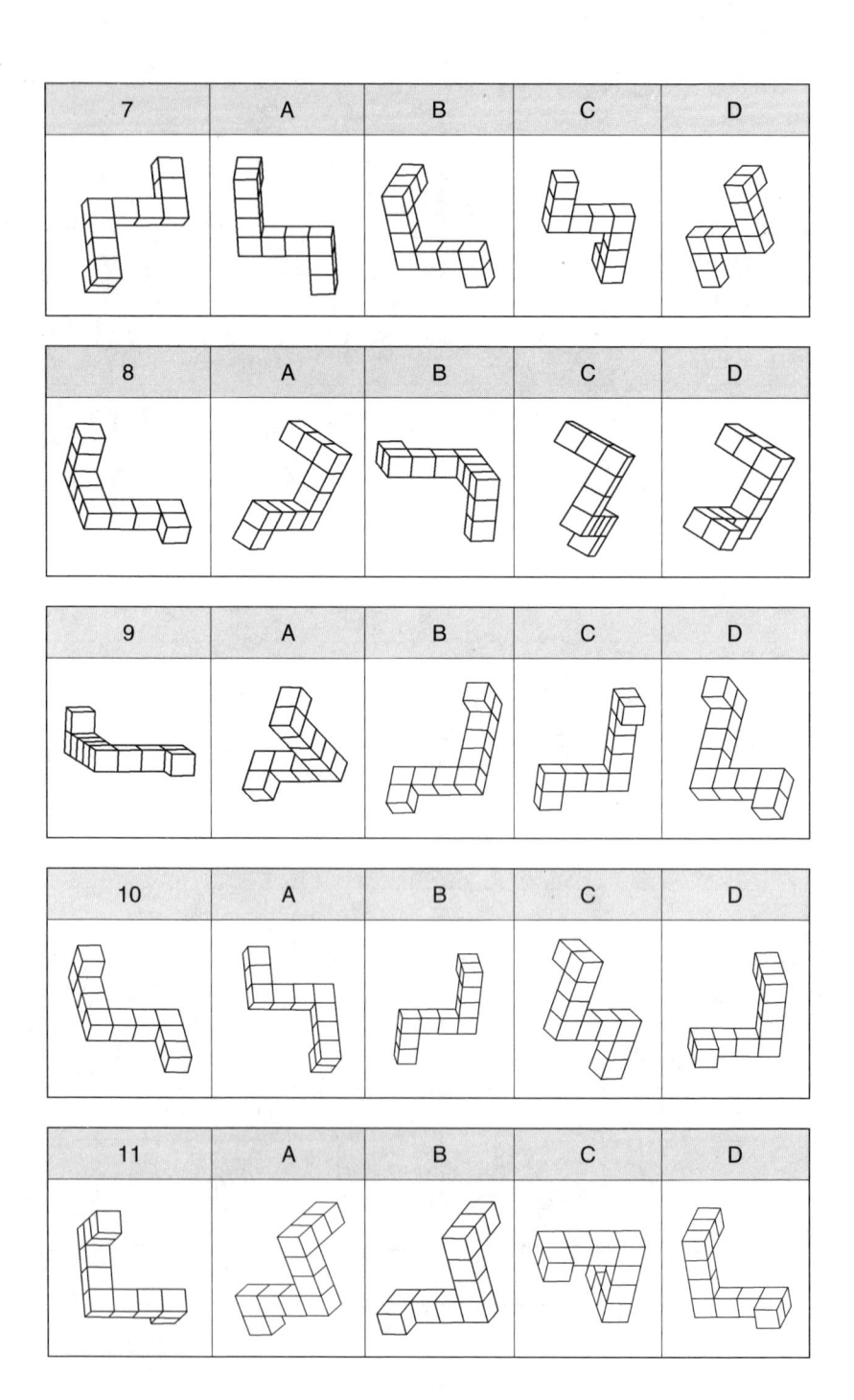

PART 2 挑战最强大脑 / 021

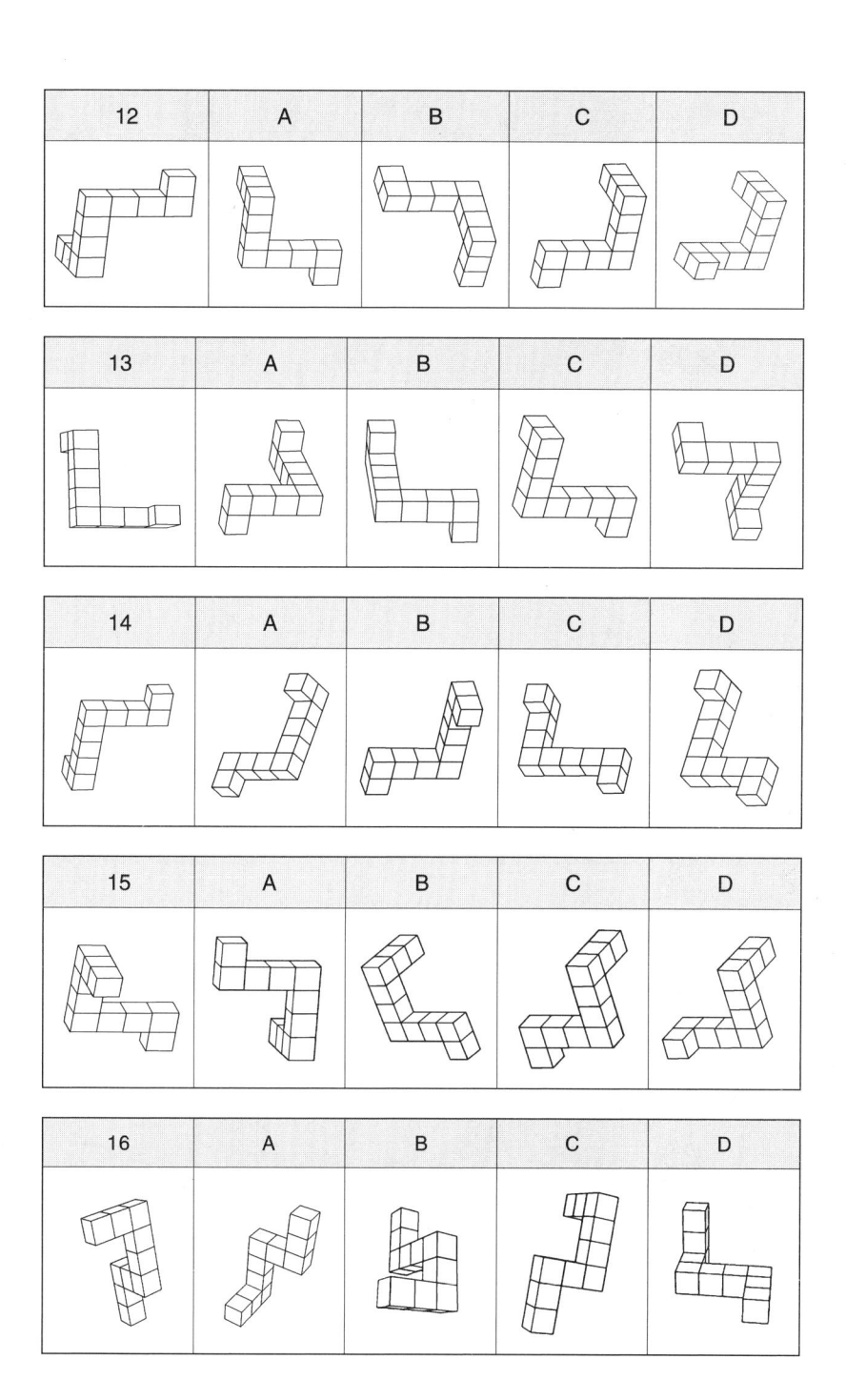

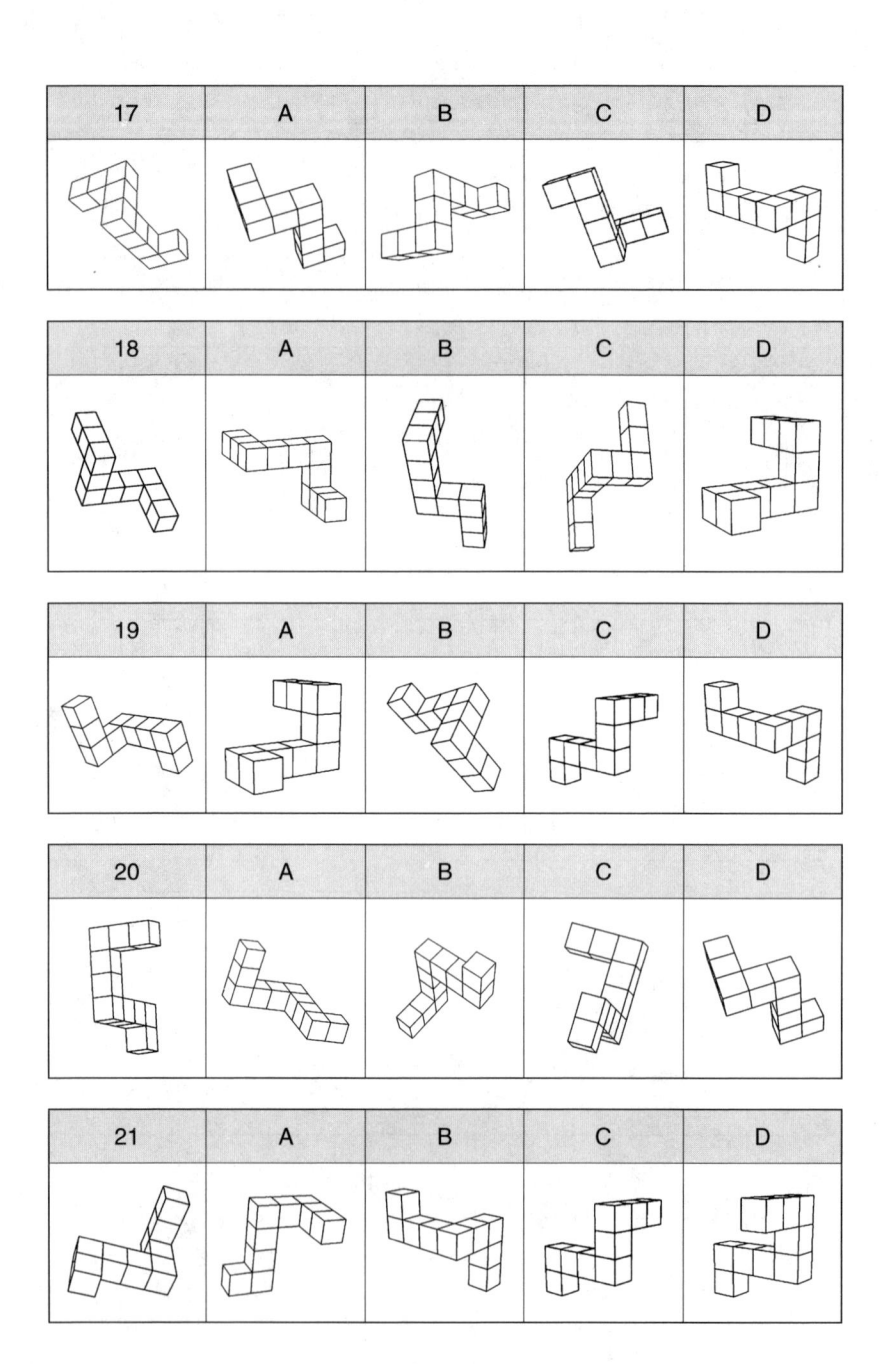

17	A	B	C	D
18	A	B	C	D
19	A	B	C	D
20	A	B	C	D
21	A	B	C	D

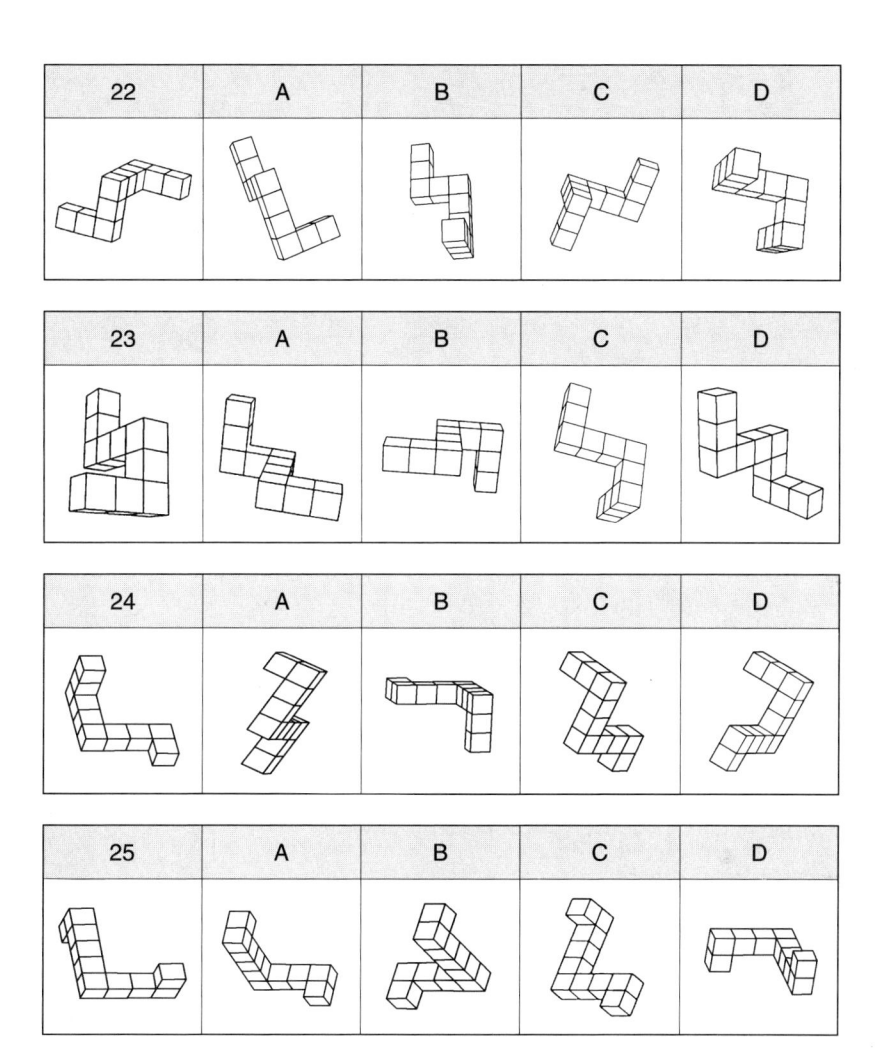

22	A	B	C	D
23	A	B	C	D
24	A	B	C	D
25	A	B	C	D

4　答案

答对一题计 1 分，答错不扣分，总分为所有正确题目之和。

题号	答案	题号	答案
1	A	14	D
2	C	15	C
3	D	16	A
4	D	17	C
5	A	18	C
6	C	19	B
7	D	20	C
8	A	21	D
9	D	22	C
10	B	23	D
11	B	24	D
12	C	25	A
13	A		

我的总分：_____

5　得分解读

下图是近一万名最强大脑挑战者在此项上的成绩分布，你可以在下图中找到自己在这一万名挑战者中的位置。图中的横坐标是你的"得分"，纵坐标是"超过的人数比例"。请你找到自己的得分在线条上对应的点，再看这个点对应的纵坐标位置，就能得出自己的排位了。

超过的人数比例越高，你的空间力在挑战者中越强。例如：如果得分为 10，找到横坐标 10 在曲线上对应的点，即 80 左右，说明你在空间力的排位中超过了约 80% 左右的挑战者，表现很不错。

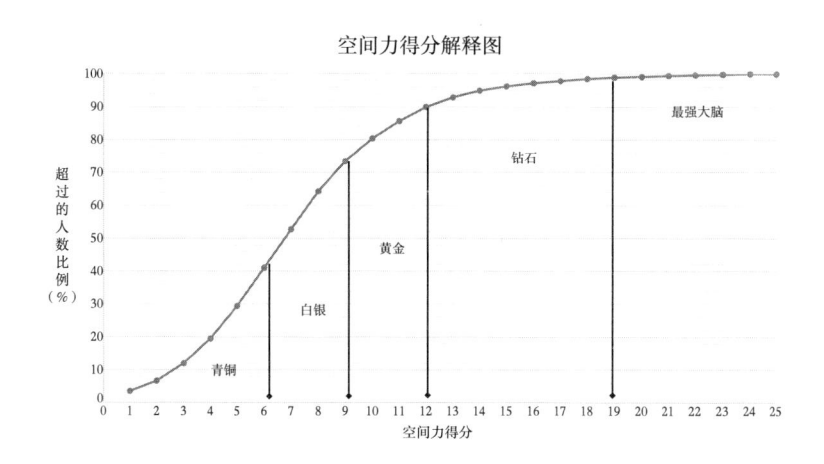

空间力得分解释图

为了方便理解，我们把最强大脑挑战者的排名进行了游戏化，将排位分成了 5 个段位，从低到高分别是青铜、白银、黄金、钻石、最强大脑。

青铜段位（0—6 分）：这个段位集中了 40% 的挑战者，处在排位的后半段。这个段位中，主要包括三类挑战者：一类是年龄较小，空间能力还在发展中的儿童；第二类是空间能力相对较弱的挑战者；第三类是没有理解测验要求，或者真没有认真做的挑战者。虽然这个段位离最强大脑最远，但只要进行训练，也是成长空间和成长速度最快的段位。

白银段位（7—9 分）：这个段位集中了大概 25% 的挑战者。达到这个段位，表明挑战者成功进入了榜单的上半段，高于挑战者们的平均水平。处在这个段位的挑战者，如果对空间力加以训练，也能感受到快速的成长，每提高 1 分，就能超过约 10% 的挑战者。

黄金段位（10—12分）：这个段位的挑战者已经进入了榜单的前25%，空间力表现优秀，善于处理图形化的信息，你能轻松地在头脑中构建图形形状，并对其进行操作。这个段位上空间力的提升难度有所增加，相比青铜和白银，需要付出更多的努力，才看得到明显的进步。

钻石段位（13—19分）：这个段位集中了10%左右的挑战者，进入了榜单的前10%，具有非常优秀的空间能力，已经接近了最强大脑。能力的提升越向上越难，因此处在这个段位需要更加有耐心，做更多的训练和积累，才能让创造力达到最强大脑的水平。

最强大脑（20—25分）：这个段位集中了得分前1%的挑战者，进入这个段位表明你已经是空间力百里挑一的大神了。在本测评中，表现最优秀的挑战者达到了24分。最强大脑这个段位中挑战者数量虽然更少，但是他们之间的得分差距却更大了，所以即使到达了这个段位，也还是有提升空间，请再接再厉。

空间力——最强大脑版

1　测验介绍

适用年龄：10 岁以上。

本测验是 2019 年"最强大脑"选拔真题。题目中呈现了一面墙，墙上的砖有空缺。选项是 4 个小立方体砖块，你需要在脑海中对其进行不同面和不同方向的旋转，使砖块的"一面"能恰好填补上墙壁的空缺。注意正面填补，即从墙的正面将砖块的一面嵌入空缺处，每个题目都有唯一的答案。

本测验着重考察空间能力，同时需要推理能力的辅助。需要观察 4 个小立方体，每个小立方体 6 个面，共计 24 个面，挑战者需要快速确定哪一个砖块的哪一个面的形状与墙面漏洞形状一致。由于小立方体中的方块彼此有遮挡，需要通过推理力确定被遮挡部分的形状。空间力优秀，推理准确度和速度更好的挑战者，能够在 5 分钟完成更多题目。

2 例题

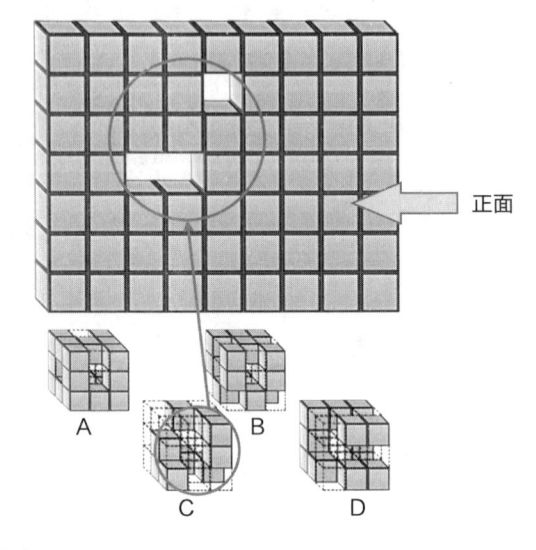

解题思路：

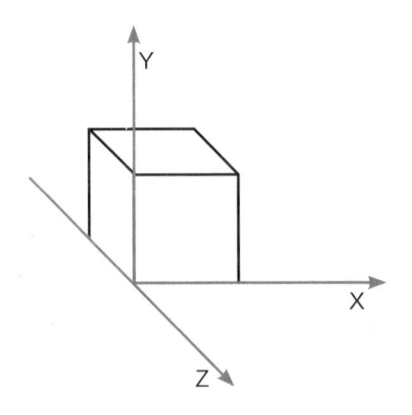

选项中的小立方体砖块共有 6 个面，分别为正面、背面、顶面、底面、左侧面和右侧面，在空间中可以通过上图来表示。解题需要观察小立方体的每一面是否能填补上墙壁的空缺处。四个选项共需要观察 4×6=24 个面，并进行旋转，相当于 24 选 1。由于选项数量过多，可以分为两步解题，首先找到缺口形状相似的面作为候选，再通过旋

转判断这些候选面中哪些能够与墙面空缺完全重合。对于空间力非常优秀的挑战者来说，观察和旋转是一瞬间的事，则不必使用策略。

做题时还需注意镜像图形，旋转后迷惑性较大。另外在部分题目中，砖块的遮挡影响判断，需要使用排除法。

题目解析：

观察 C 项，其正面的形状与墙面缺口形状类似，将其沿 Z 轴（见上图）顺时针旋转 90°，再沿 Y 轴顺时针（或逆时针）旋转 180°，即可填补墙上的空缺。

3 挑战

观察墙壁上的缺口，判断选项中哪个立方体砖块包含一个面可以从正面填补这个缺口，请将其选出。共 36 题，作答时间 5 分钟。由于题目远超 5 分钟可以完成的量，请在保证正确的情况下尽快作答。

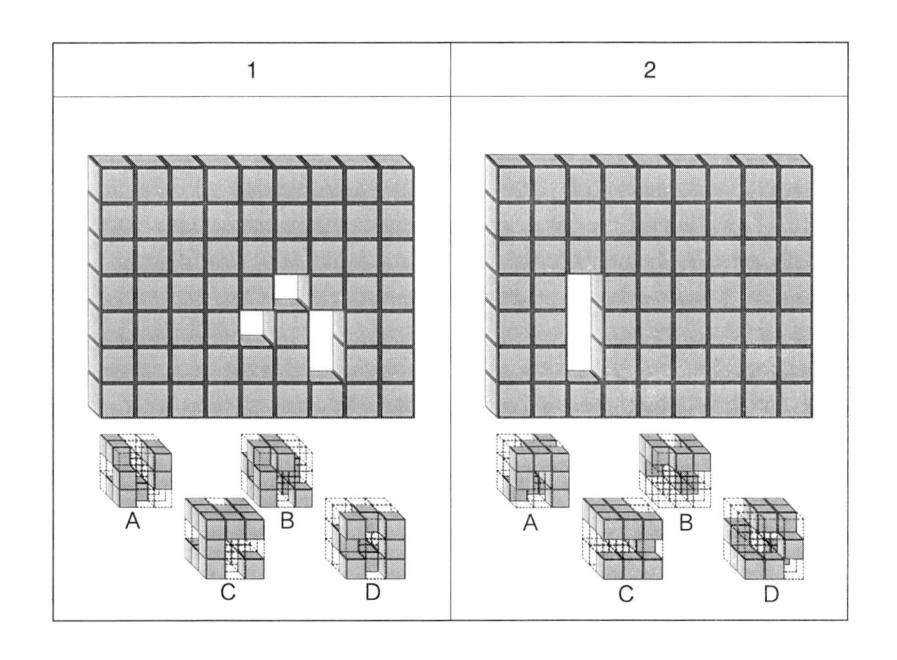

1	2

030 / 成为最强大脑

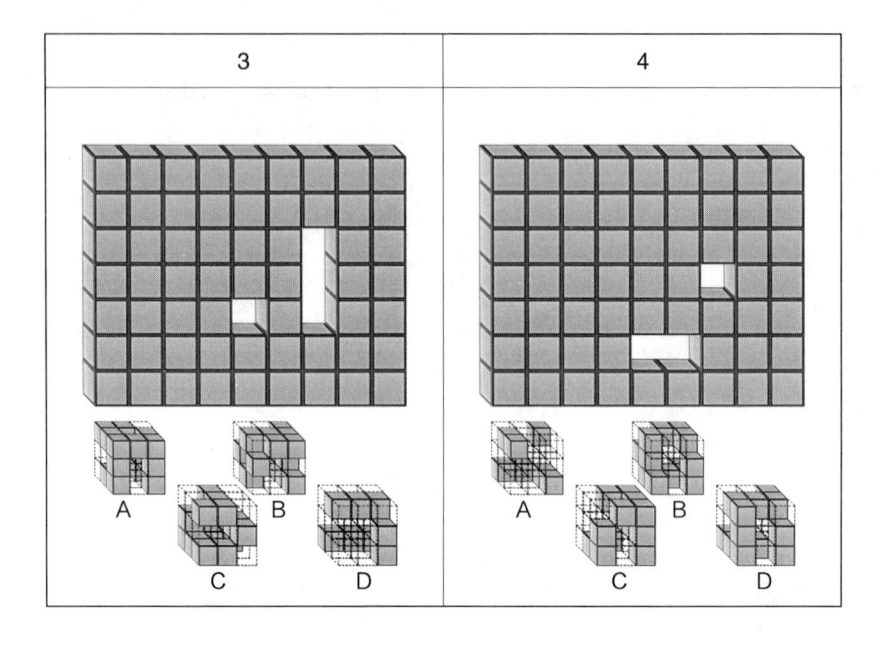

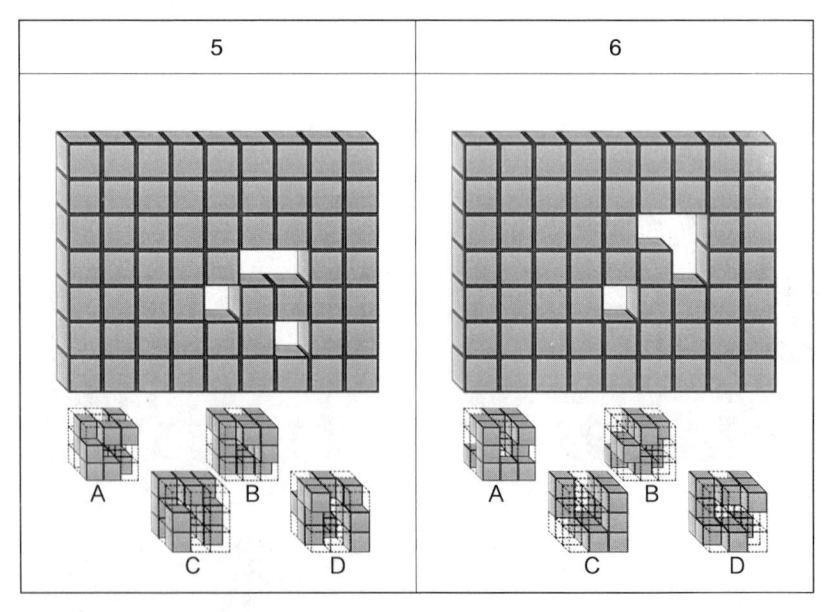

| 7 | 8 |
| 9 | 10 |

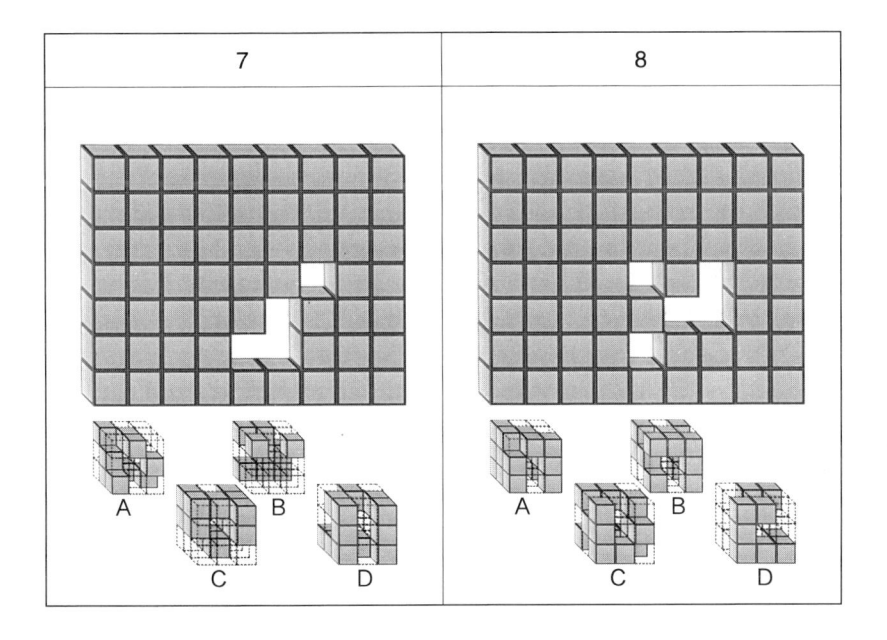

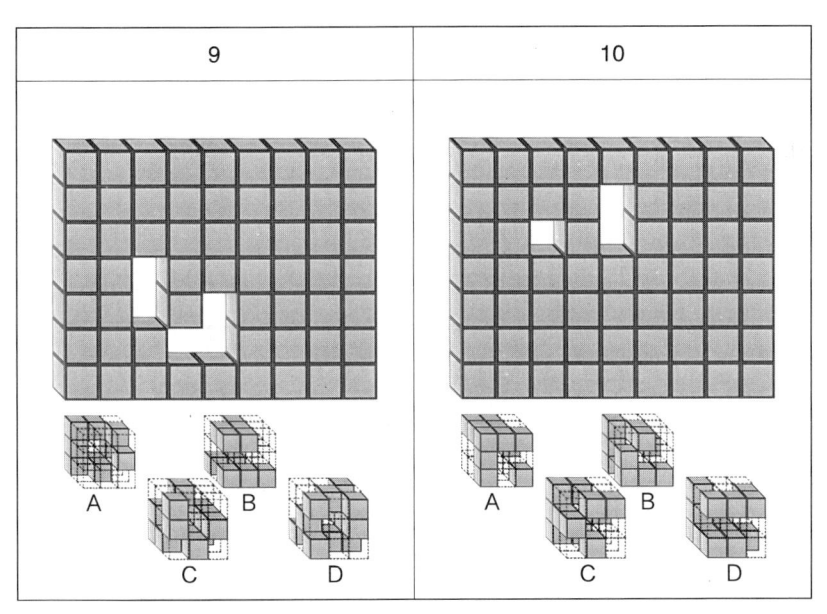

032 / 成为最强大脑

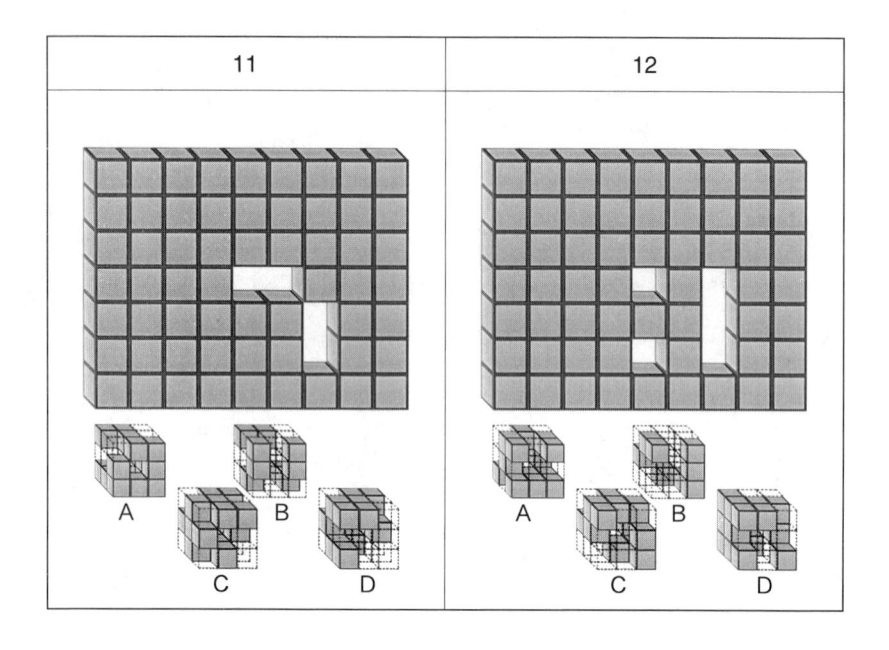

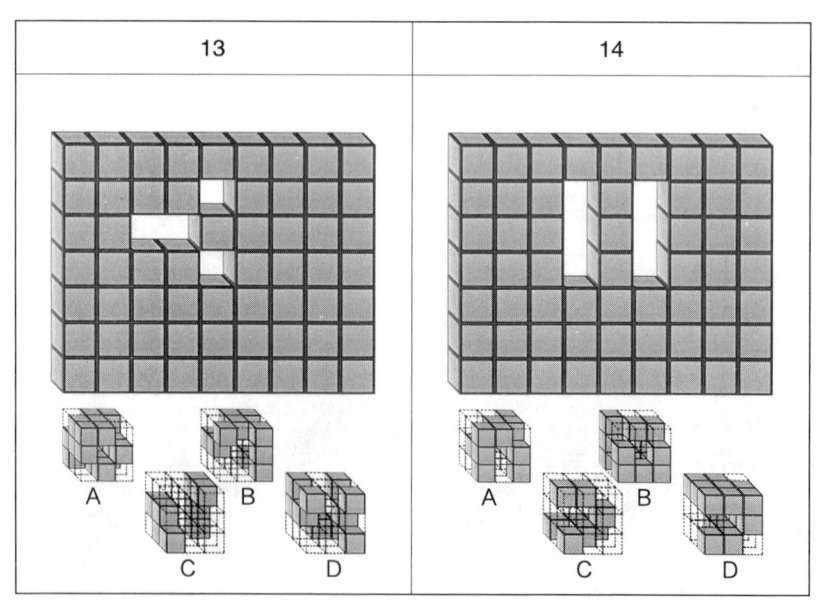

PART 2 挑战最强大脑 / 033

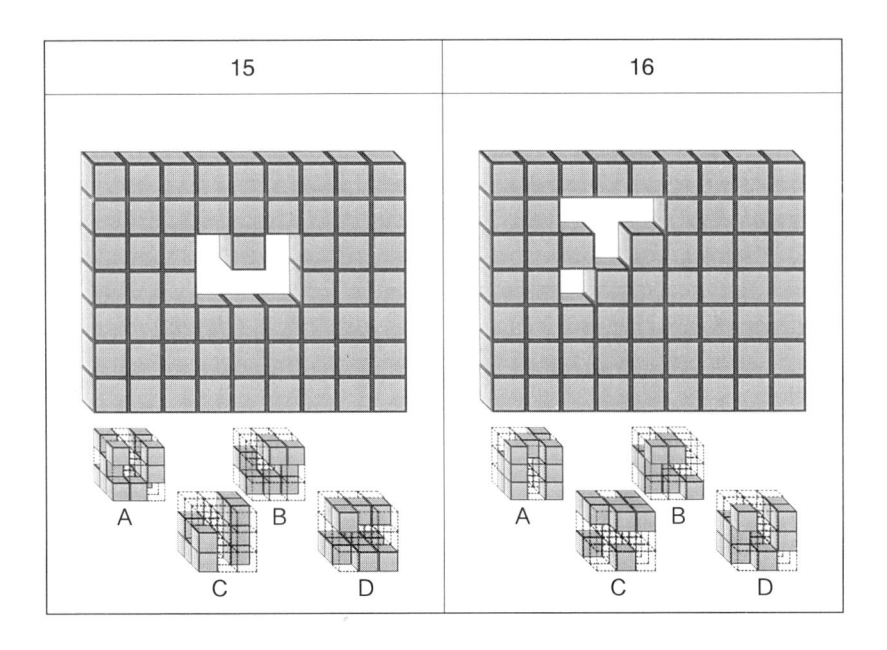

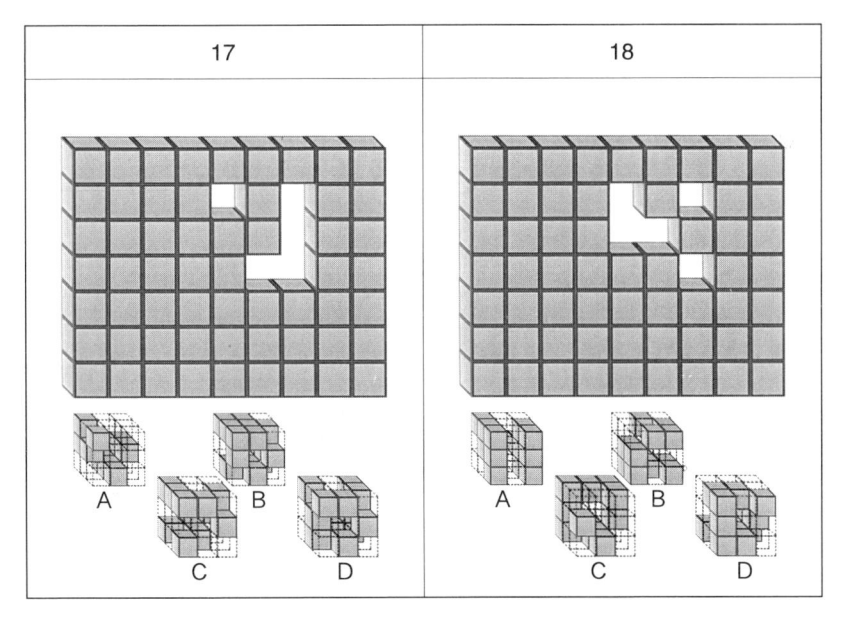

034 / 成为最强大脑

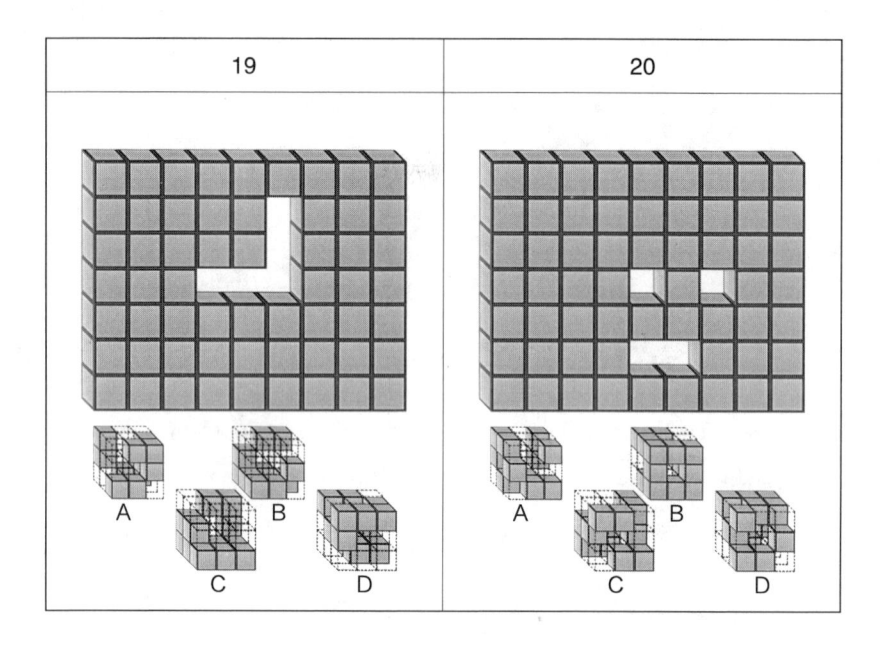

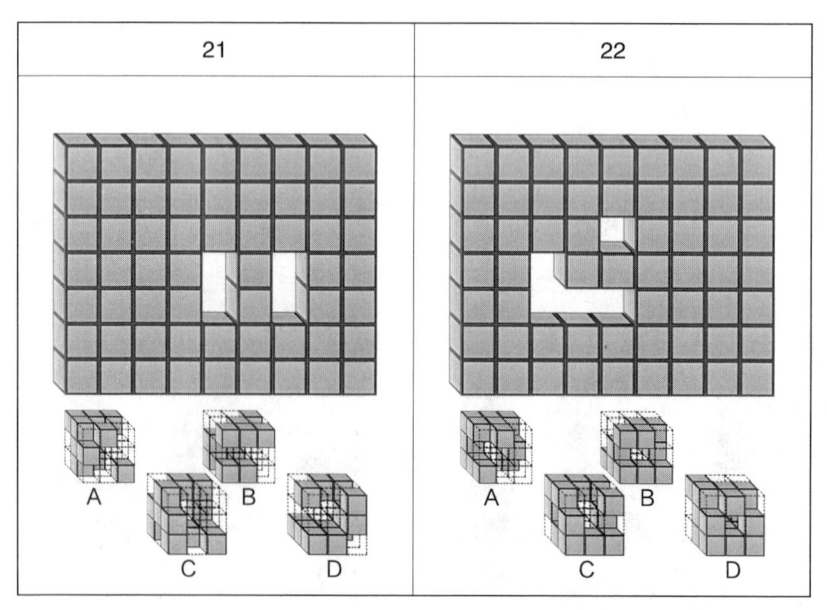

PART 2　挑战最强大脑 / 035

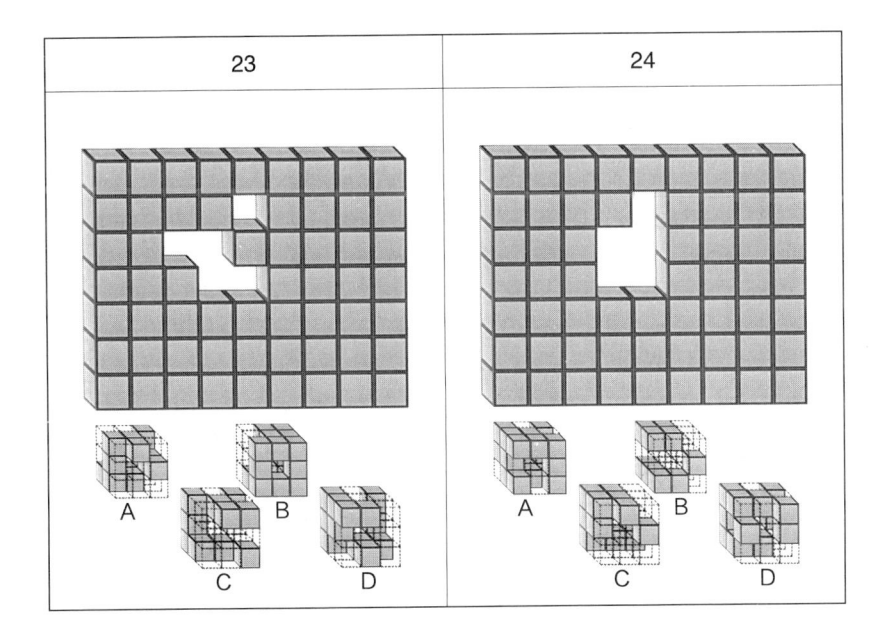

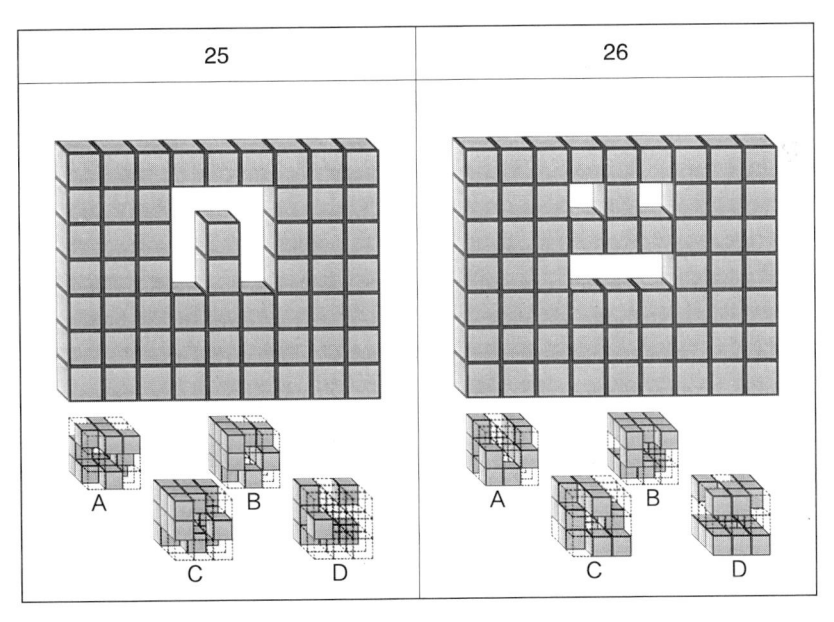

27	28
29	30

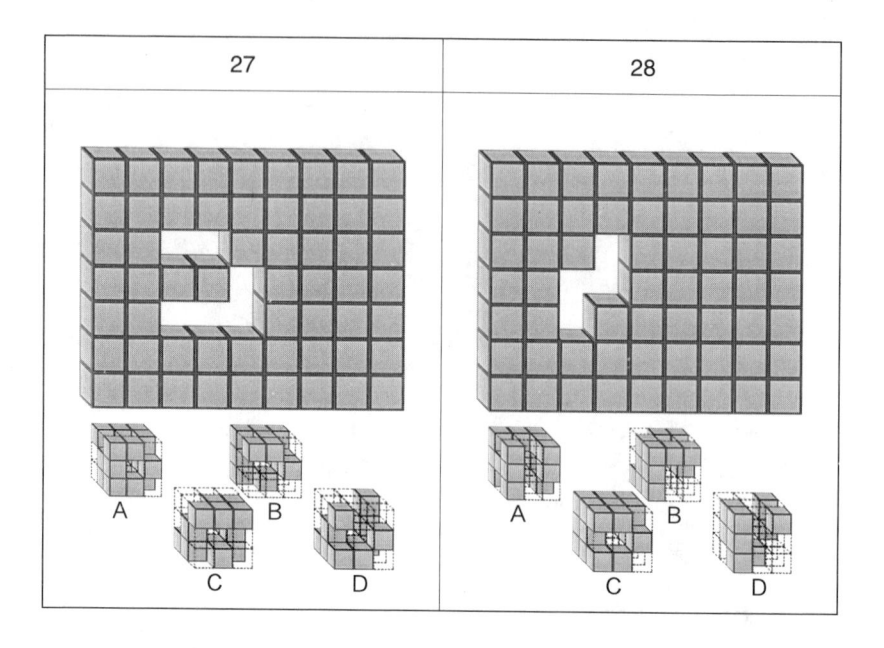

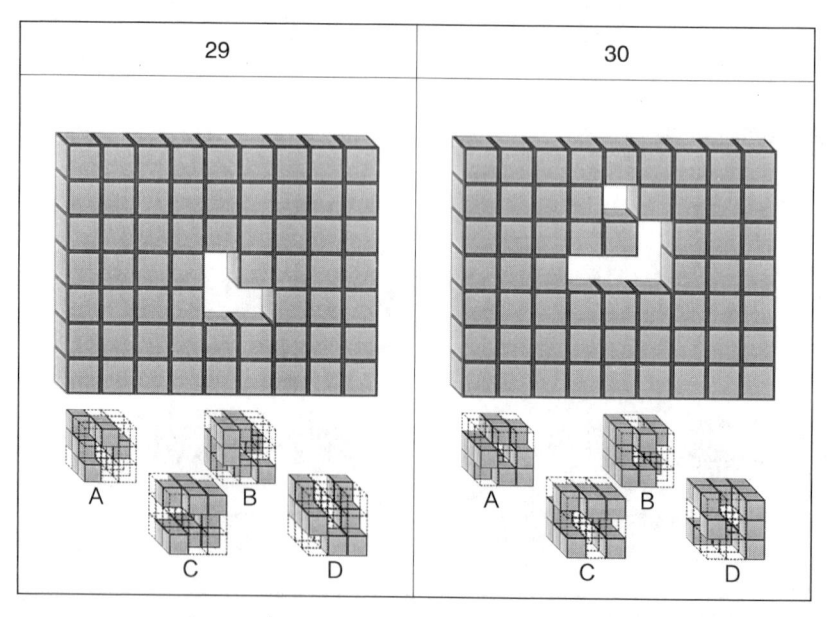

31	32
33	34

PART 2　挑战最强大脑 / 037

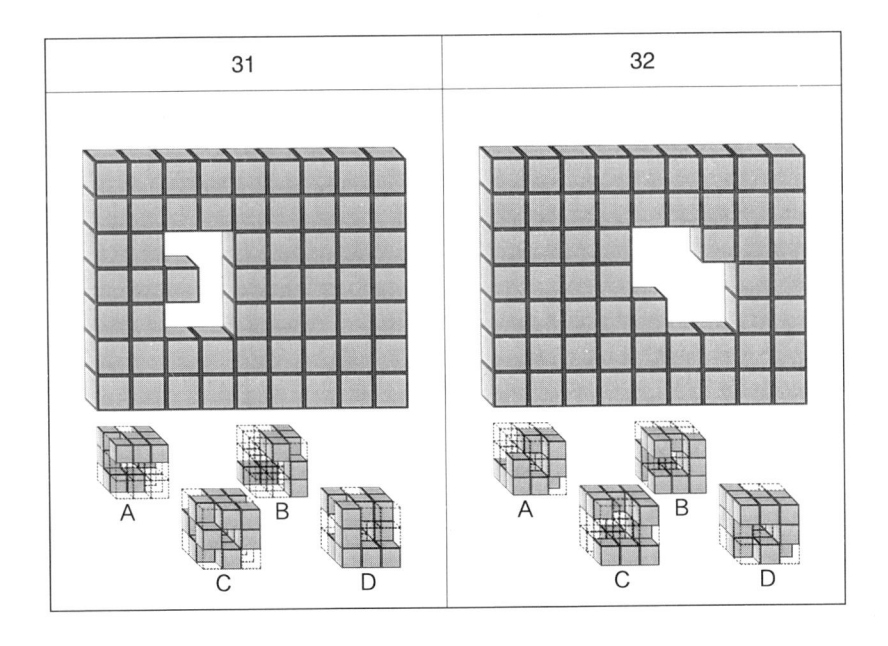

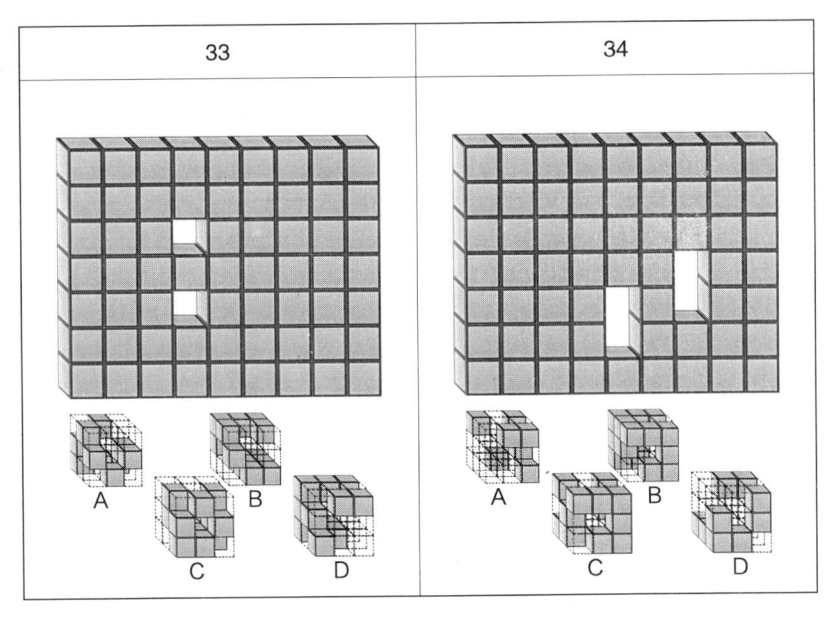

35	36

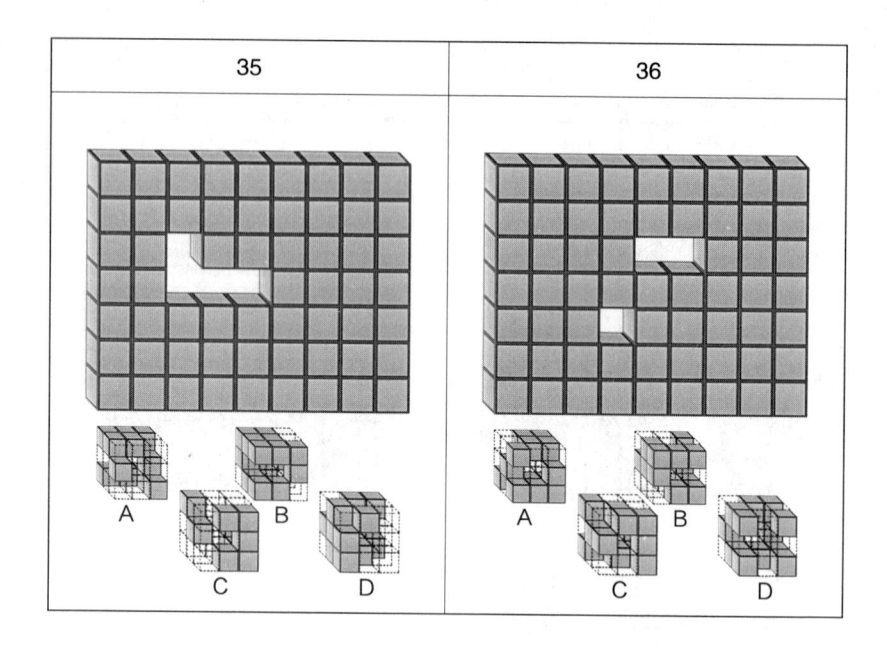

4　答案

答对一题计 1 分，答错不扣分，总分为所有正确题目之和。

题号	答案	解析
1	B	观察 B 项的背面，发现 B 项立方体可以填补墙上的空缺。
2	C	观察 C 项的底面，发现将 C 项立方体向前旋转 90°，再顺时针（或逆时针）旋转 90° 即可填补墙上的空缺。
3	D	观察 D 项的底面，发现将 D 项立方体向前旋转 90°，再顺时针旋转 90° 即可填补墙上的空缺。
4	A	观察 A 项的背面，发现 A 项立方体可以填补墙上的空缺。
5	A	观察 A 项的顶面，发现将 A 项立方体向后旋转 90° 即可填补墙上的空缺。
6	A	观察 A 项的背面，发现 A 项立方体可以填补墙上的空缺。
7	A	观察 A 项的左侧面，发现将 A 项立方体向左旋转 90° 即可填补墙上的空缺。

续表

题号	答案	解析
8	B	观察 B 项的左侧面，发现将 B 项立方体向左旋转 90° 即可填补墙上的空缺。
9	C	观察 C 项的左侧面，发现将 C 项立方体向左旋转 90° 即可填补墙上的空缺。
10	C	观察 C 项的底面，发现将 C 项立方体向前旋转 90°，再顺时针旋转 90° 即可填补墙上的空缺。
11	B	观察 B 项的右侧面，发现将 B 项立方体向右旋转 90°，再逆时针旋转 90° 即可填补墙上的空缺。
12	A	观察 A 项的正面，发现将 A 项立方体向右（或向左）旋转 180°，再逆时针旋转 90° 即可填补墙上的空缺。
13	A	经观察，排除 BCD 项，因此 A 项为正确答案。
14	B	观察 B 项的底面，发现将 B 项立方体向前旋转 90°，再顺时针（或逆时针）旋转 90° 即可填补墙上的空缺。
15	C	观察 C 项的左侧面，发现将 C 项立方体向左旋转 90° 即可填补墙上的空缺。
16	A	观察 A 项的右侧面，发现将 A 项立方体向右旋转 90°，再逆时针旋转 90° 即可填补墙上的空缺。
17	D	观察 D 项的背面，发现 D 项立方体可以填补墙上的空缺。
18	D	观察 D 项的底面，发现将 D 项立方体向前旋转 90°，再顺时针旋转 90° 即可填补墙上的空缺。
19	C	观察 C 项的右侧面，发现将 C 项立方体向右旋转 90°，再逆时针旋转 90° 即可填补墙上的空缺。
20	A	观察 A 项的右侧面，发现将 A 项立方体向右旋转 90°，再逆时针旋转 90° 即可填补墙上的空缺。
21	B	观察 B 项的底面，发现将 B 项立方体向前旋转 90°，再顺时针（或逆时针）旋转 90° 即可填补墙上的空缺。
22	C	观察 C 项的顶面，发现将 C 项立方体向后旋转 90° 即可填补墙上的空缺。

续表

题号	答案	解析
23	D	观察D项的底面，发现将D项立方体向前旋转90°，再顺时针旋转90°即可填补墙上的空缺。
24	C	观察C项的顶面，发现将C项立方体向后旋转90°即可填补墙上的空缺。
25	C	经观察，排除ABD项。观察C项的背面，发现C项立方体可以填补墙上的空缺。
26	D	观察D项的背面，发现D项立方体可以填补墙上的空缺。
27	A	观察A项的顶面，发现将A项立方体向后旋转90°即可填补墙上的空缺。
28	C	观察C项的右侧面，发现将C项立方体向右旋转90°，再顺时针（或逆时针）旋转90°即可填补墙上的空缺。
29	D	观察D项的底面，发现将D项立方体向前旋转90°，再顺时针旋转90°即可填补墙上的空缺。
30	C	观察C项的左侧面，发现将C项立方体向左旋转90°即可填补墙上的空缺。
31	C	观察C项的右侧面，发现将C项立方体向右旋转90°，再逆时针旋转90°即可填补墙上的空缺。
32	A	观察A项的右侧面，发现将A项立方体向右旋转90°，再顺时针（或逆时针）旋转90°即可填补墙上的空缺。
33	D	观察D项的右侧面，发现将D项立方体向右旋转90°，再顺时针（或逆时针）旋转90°即可填补墙上的空缺。
34	B	观察B项的底面，发现将B项立方体向前旋转90°，再顺时针（或逆时针）旋转90°即可填补墙上的空缺。
35	C	观察C项的底面，发现将C项立方体向前旋转90°，再顺时针旋转90°即可填补墙上的空缺。
36	A	观察A项的背面，发现A项立方体可以填补墙上的空缺。

我的总分：_____

5　得分解读

下图是 2019 年三百多名最强大脑复试挑战者的得分分布，你可以在下图中找到自己在这三百多名挑战者中的排位。图中的横坐标是你的"得分"，纵坐标是"超过的人数比例"。请你找到自己的得分在线条上对应的点，再看这个点对应的纵坐标位置，就能得出自己超过多少挑战者了。超过的人数比例越高，空间力在挑战者中的越强。例如：得分为 10，找到横坐标 10 在曲线上对应的点，即 40 左右，说明得分为 10 在空间力排位中超过了约 40% 的挑战者。

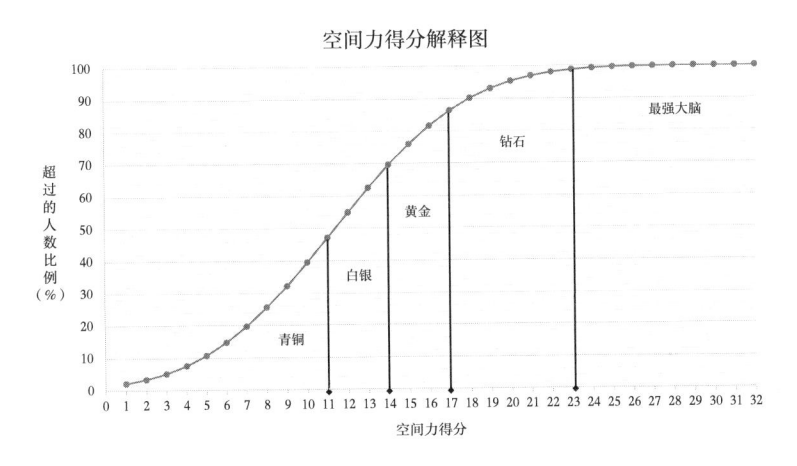

空间力得分解释图

我们将这三百多名挑战者构成的排行榜分为了 5 个段位，从低到高分别是青铜、白银、黄金、钻石、最强大脑。请注意，这三百位是进入复试的挑战者，空间力表现不俗，所以即使排名不佳也千万不要气馁。

段位	分数段	描述
青铜段位	1—11	集中了近50%的挑战者,处在排位的后半段。
白银段位	12—14	超过了挑战者们的平均水平,约有25%的挑战者能够达到这个段位。
黄金段位	15—17	超过了约75%的挑战者,约有15%的挑战者能够达到这个段位。
钻石段位	18—23	超过了90%的挑战者,约有10%的挑战者能够达到这个段位。
最强大脑	24及以上	处在本次挑战的金字塔尖,超过了99%的挑战者,仅有1%的挑战者能够达到这个段位。
最高分	30	本次三百多位挑战者中的最好成绩。

"最强大脑"初/复试真题解析

观察力测验

观察力——体验版

1 测验介绍

适用年龄：5—10 岁

本测验是观察力的体验版，适合 5—10 岁的挑战者。本测验中，你会看到彼此纠缠在一起的 10 根线条。请你根据线条的走势，分别找到 1—10 号线条的终点，并将终点对应的字母选出来。注意每条线条的起点和终点一一对应。

主要考察挑战者的观察力，同时也需要挑战者具有良好的注意力。挑战者需要将注意力集中在某根线条上，追踪线条的走势，在线条穿过中间弯曲混杂的区域时，需要排除其他线条的干扰，注意力集中。观察力优秀的挑战者，对线条走势观察更准确、更敏锐，也能够较好的避免无关线条的干扰，在规定时间内找到更多的线条终点。本测验为限时测验。

2　例题

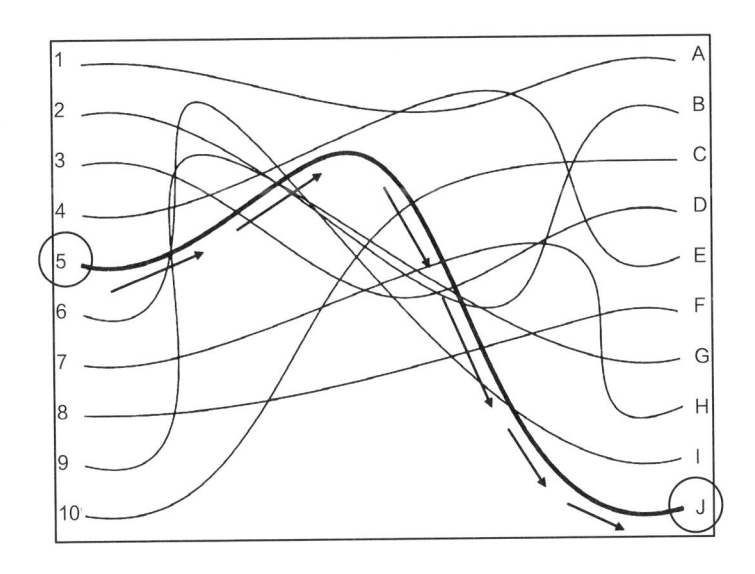

解题思路：

每道题目中有 10 条线，需要答题者集中注意力，否则极容易混淆不同的线条。遇到线条难以区分的情况时，可借用手指、笔等从线条的起点描画到终点。但是请注意，这种方法可能会消耗更多时间。

题目答案：

线的编号	1	2	3	4	5	6	7	8	9	10
对应字母	A	B	D	E	J	I	H	F	G	C

3　挑战

请你根据线条的走势，分别找到 1—10 号线条的终点，并将终点对应的字母选出来。共 16 道大题，每道大题中有 10 条线，答题时间 5 分钟。

1.

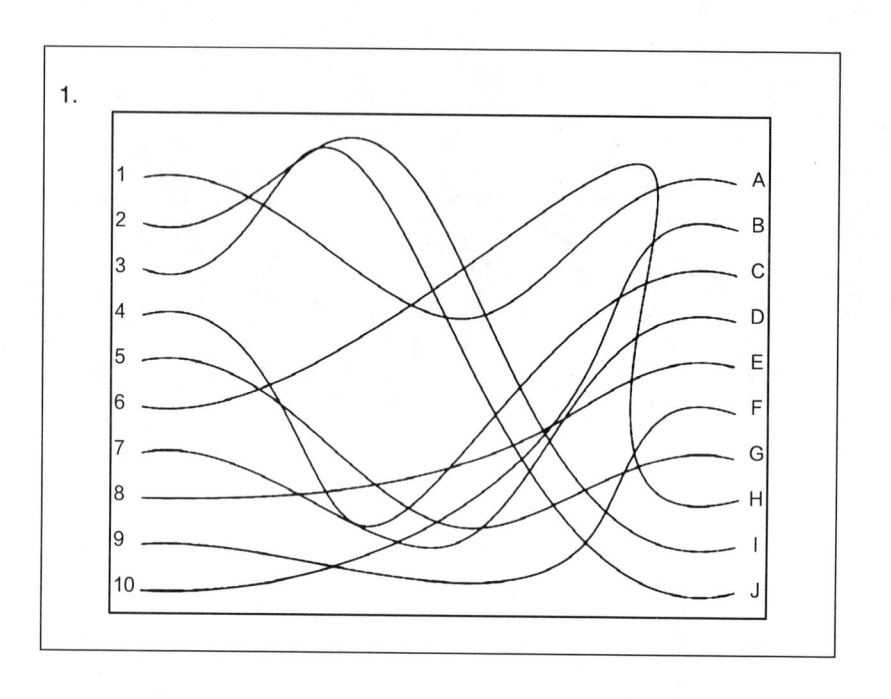

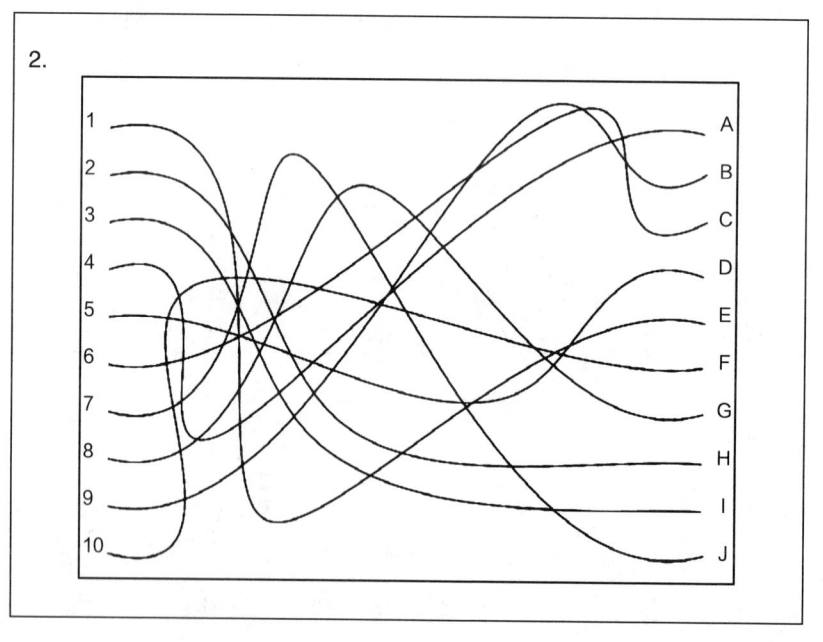

2.

046 / 成为最强大脑

PART 2　挑战最强大脑 / 047

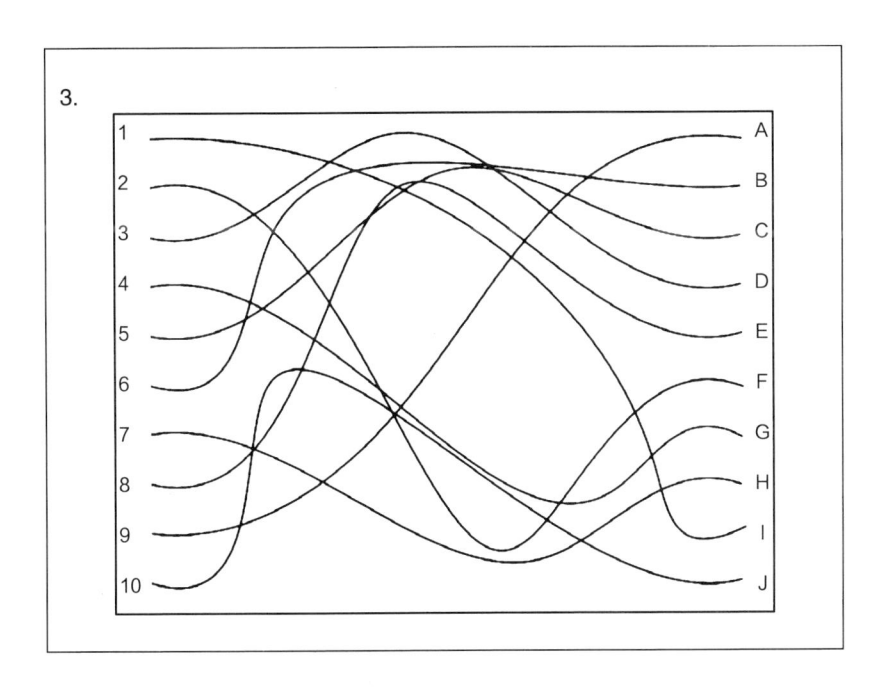

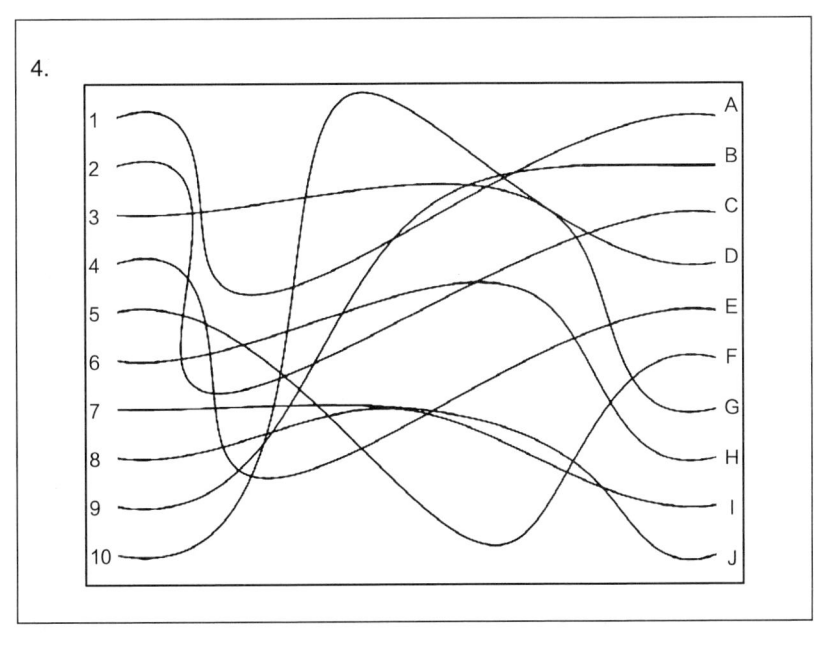

048 / 成为最强大脑

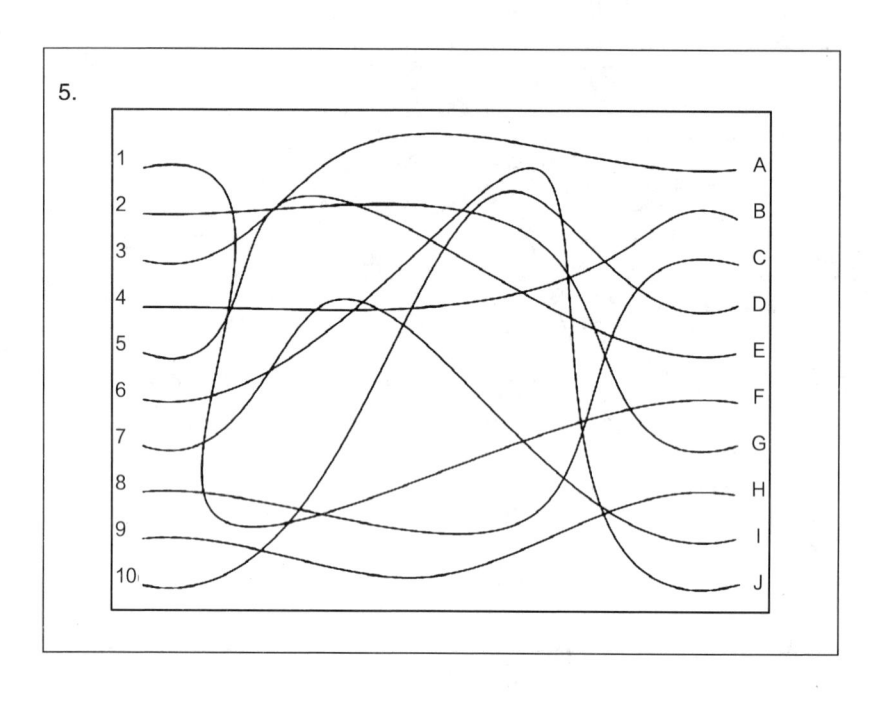

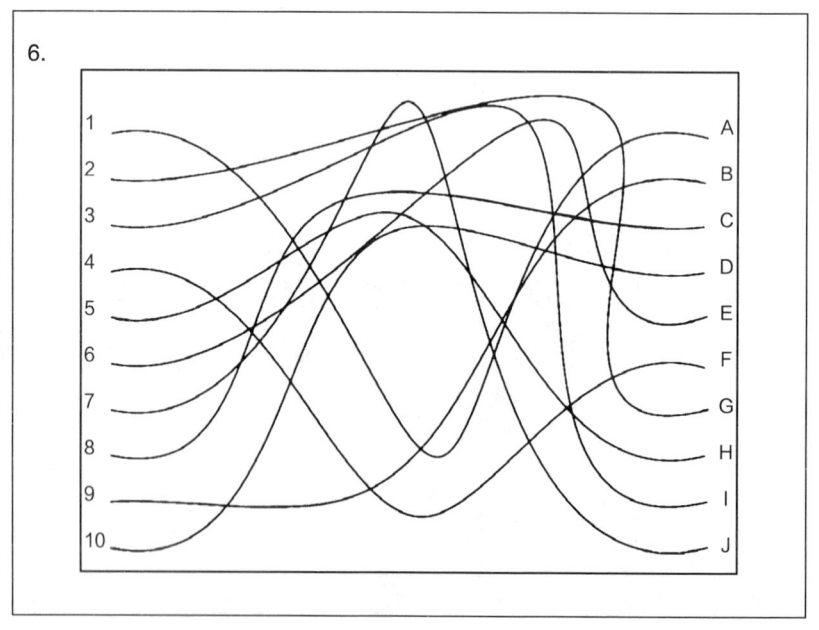

7.

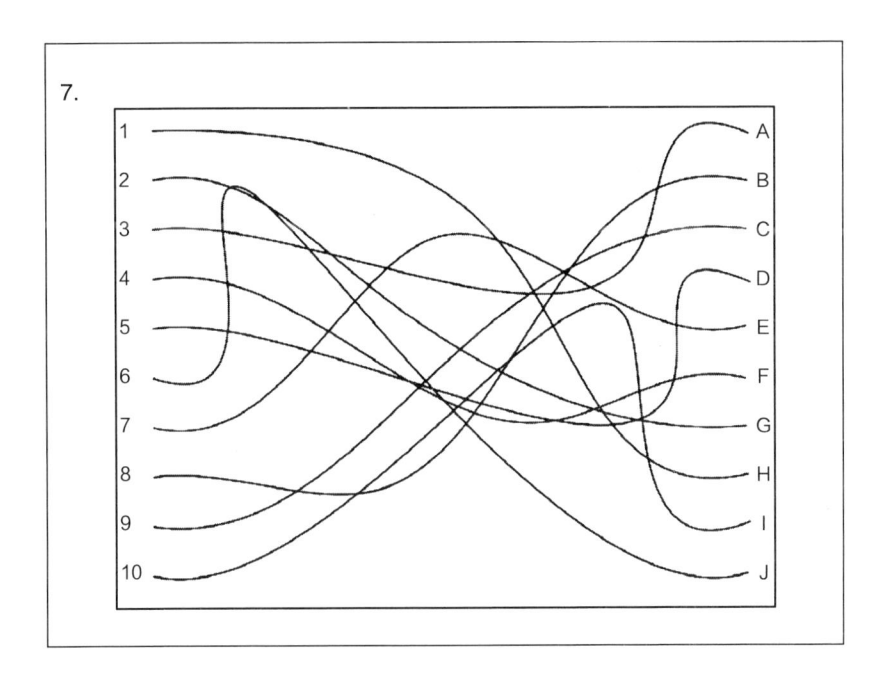

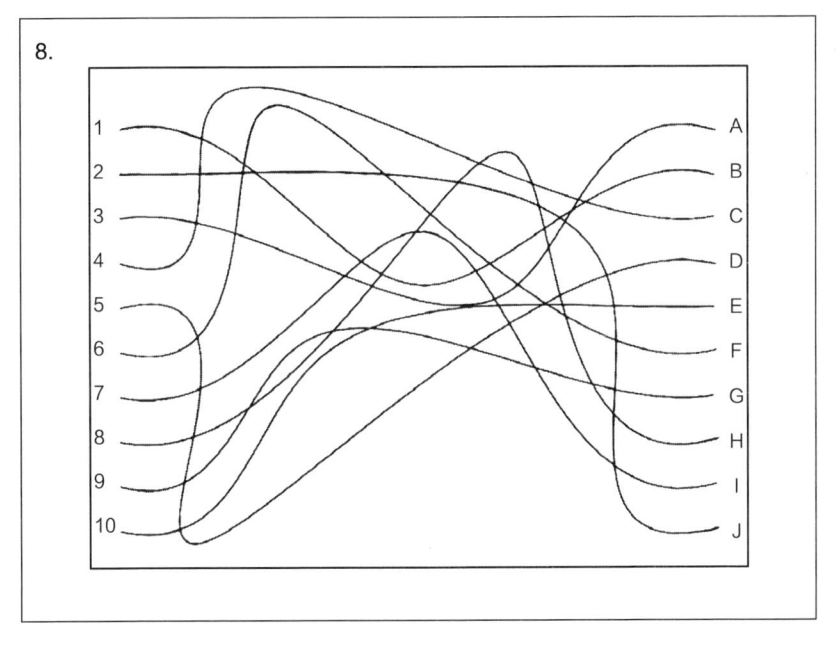

8.

PART 2　挑战最强大脑 / 049

9.

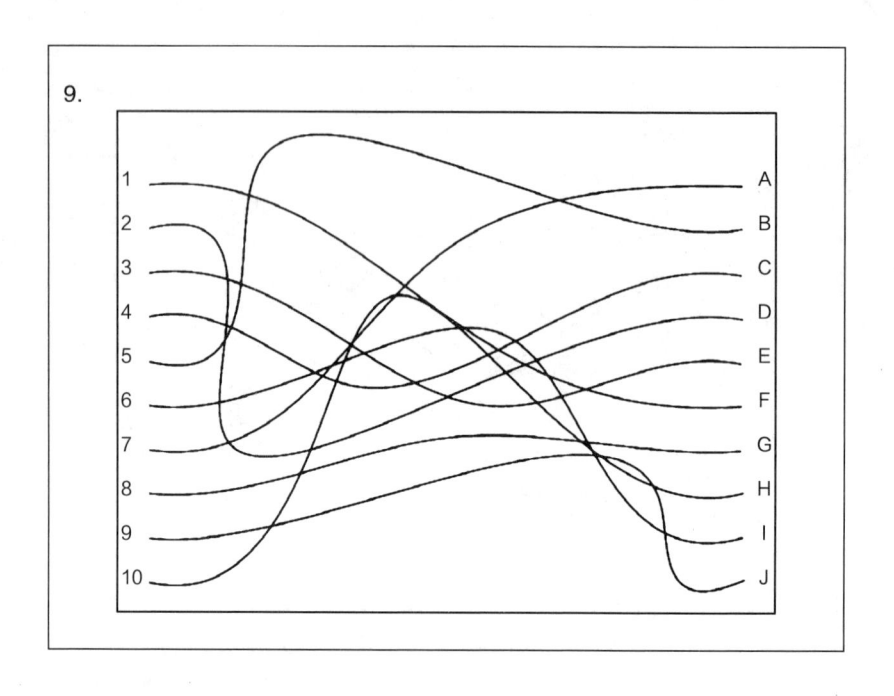

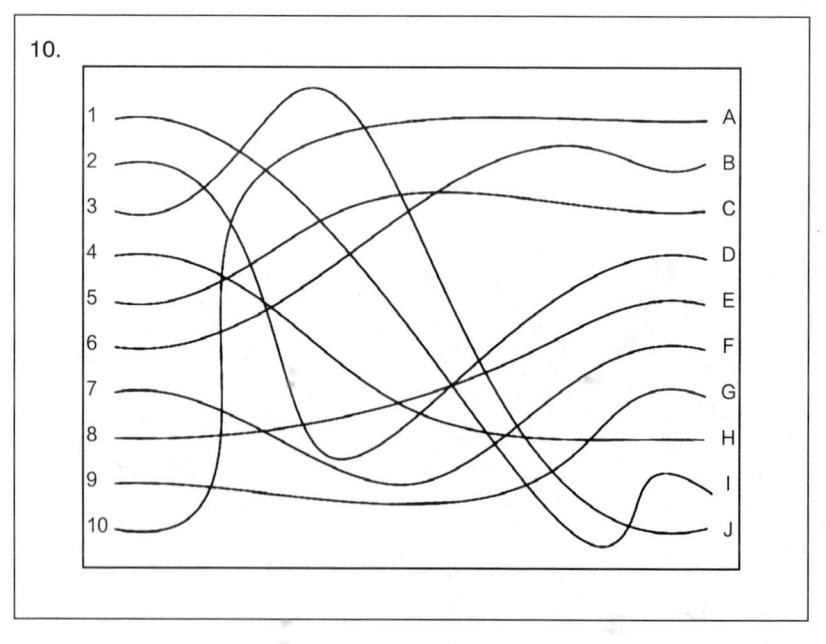

10.

11.

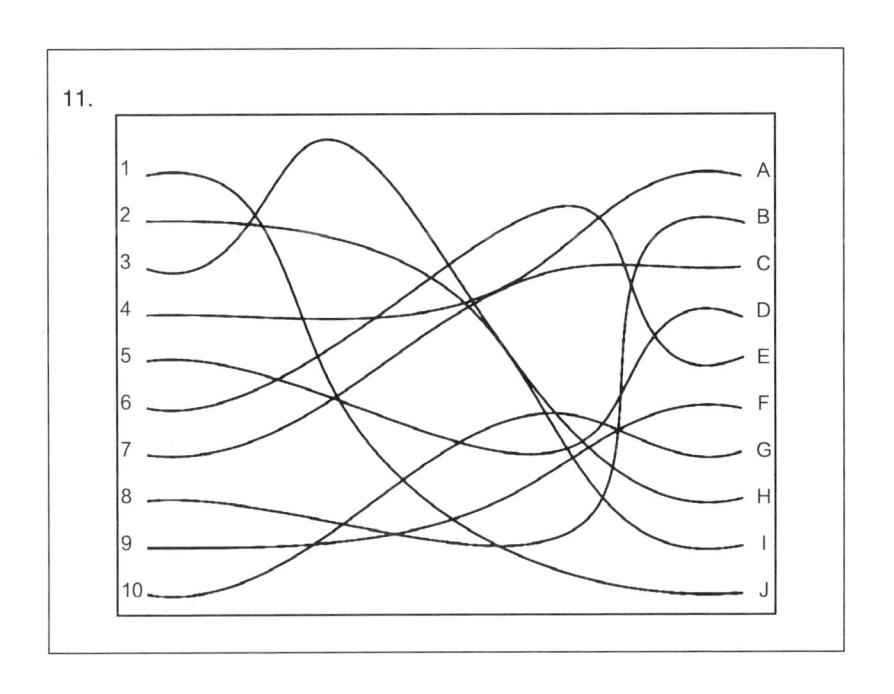

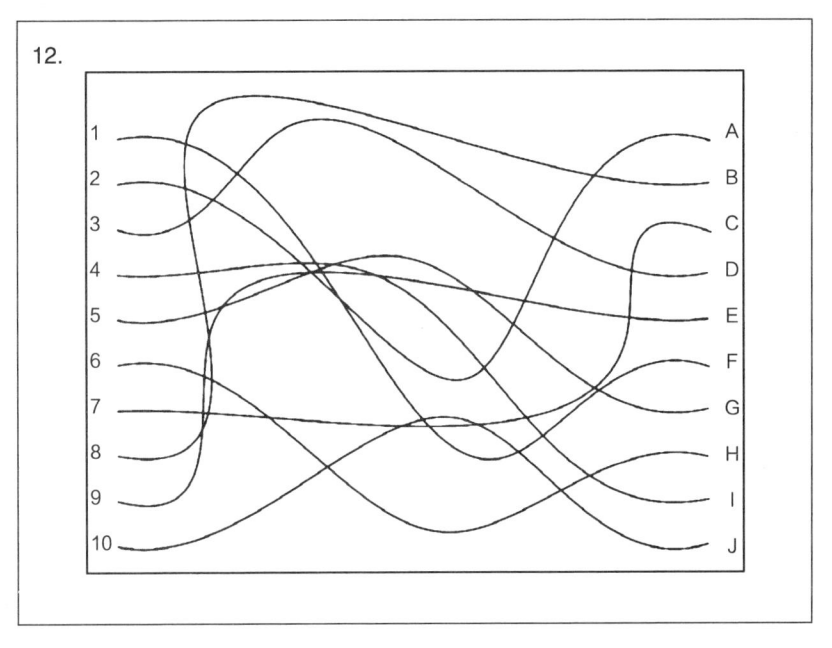

12.

13.

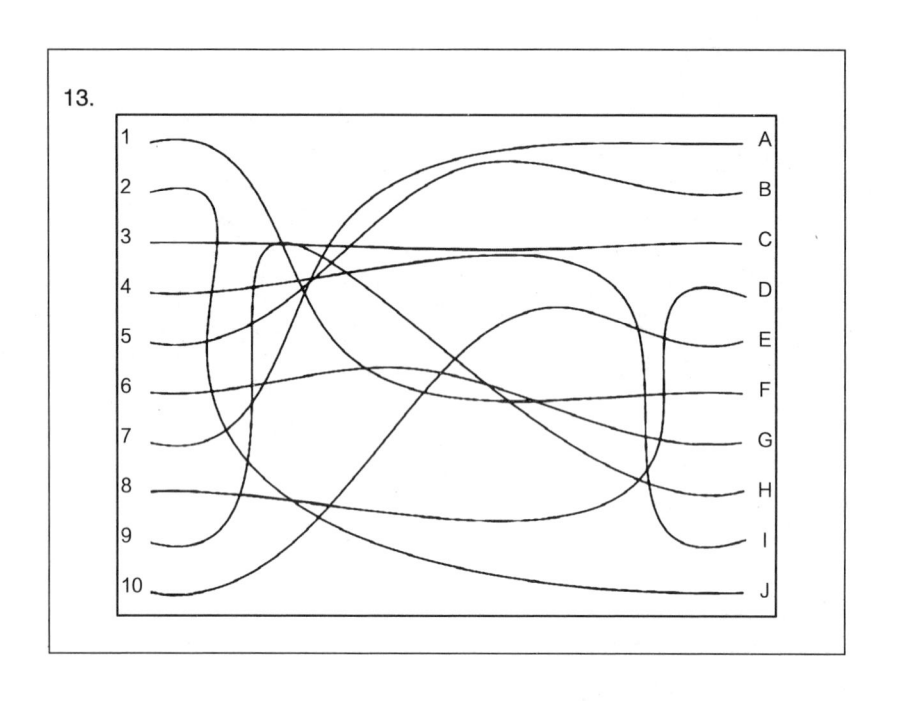

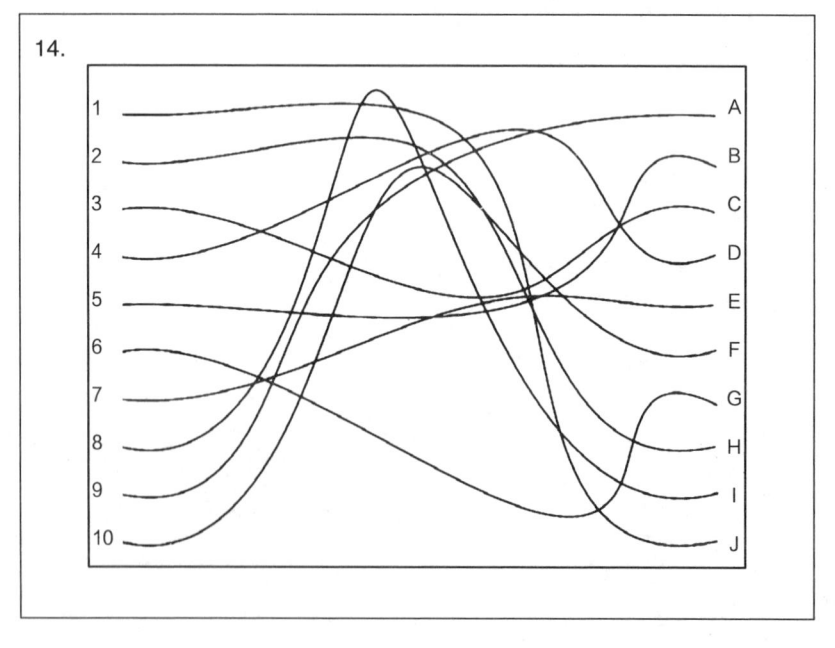

14.

15.

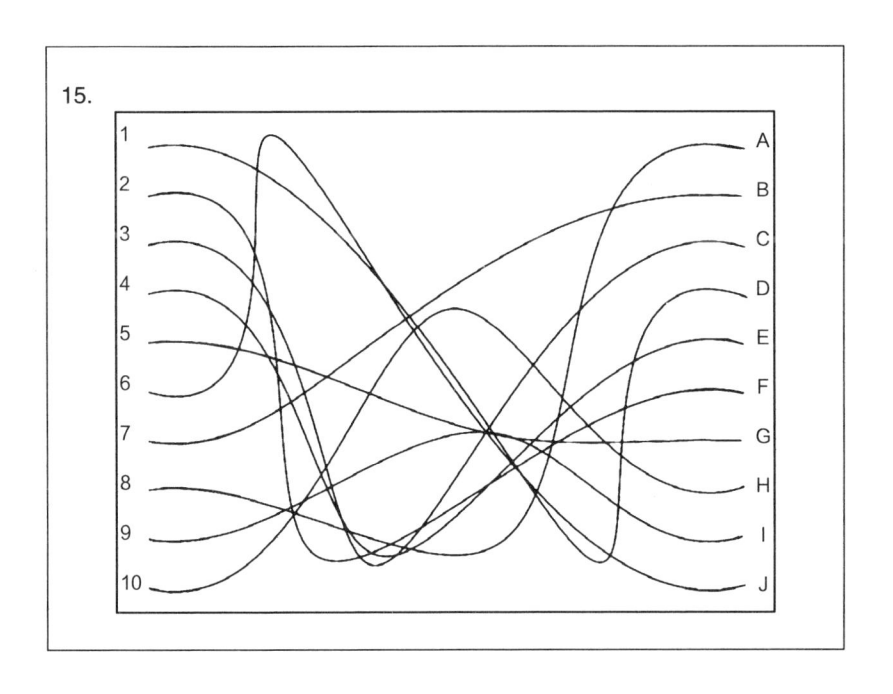

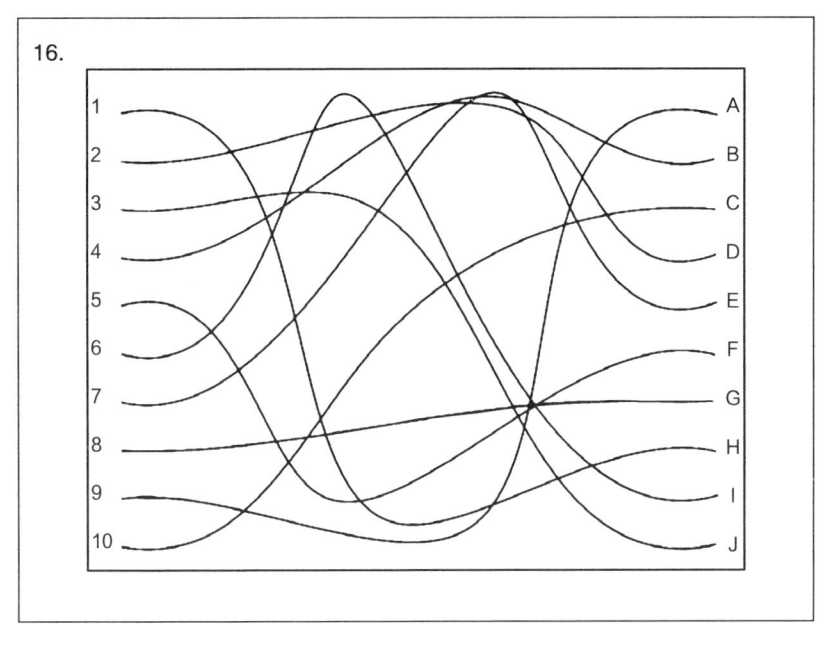

16.

4 答案

正确找到一根线条的终点计 1 分，找错不扣分，总分为所有正确线条数之和，最高分为 160 分。

题号	答案（线的编号与对应字母）									
	1	2	3	4	5	6	7	8	9	10
1	A	I	J	C	G	H	D	E	F	B
2	E	H	I	A	D	C	J	G	B	F
3	I	F	D	G	C	B	H	E	A	J
4	A	C	G	E	F	H	J	I	B	D
5	F	G	A	B	E	J	I	C	H	D
6	A	G	I	F	H	E	J	C	B	D
7	H	G	A	F	D	J	E	B	C	I
8	B	J	A	C	D	F	I	H	G	E
9	F	D	E	C	B	I	A	G	J	H
10	I	D	J	H	C	B	F	E	G	A
11	J	I	H	A	D	E	C	B	F	G
12	F	A	D	I	G	H	C	B	E	J
13	F	J	C	I	B	G	A	D	H	E
14	J	H	C	D	B	G	E	I	A	F
15	D	F	C	E	G	J	B	A	I	H
16	H	D	J	B	F	I	E	G	A	C

我的总分：_____

5　得分解读

下图是 2019 年三百余名中小学生最强大脑挑战者的得分分布，可以在下图中找到自己在挑战者中的排位。如果你也恰好处在这个年龄段，下图中的排名还能够帮助你了解自己在这个年龄段的观察力发展水平。

图中的横坐标是"得分"，纵坐标是"超过的人数比例"，请你找到自己的得分在线条上对应的点，再看这个点对应的纵坐标位置，就能得出自己超过多少挑战者了。超过的人数比例越高，观察力在挑战者中的越强。例如：如果得分为 32，找到横坐标 32 在曲线上对应的点，即 38 左右，说明得分为 32 在观察力排位中超过了约 38% 的挑战者。

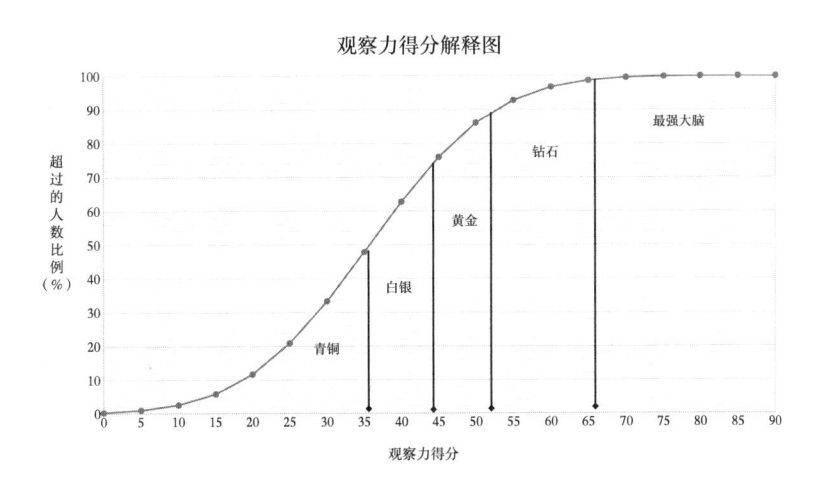

观察力得分解释图

我们将这三百名左右的中小学生挑战者构成的排行榜分为了 5 个段位，从低到高分别是青铜、白银、黄金、钻石、最强大脑。请注意，排行榜中的挑战者是中小学生。

段位	分数段	描述
青铜段位	1—35 分	集中了近 50% 的挑战者，处在排位的后半段。
白银段位	36—44 分	超过了挑战者们的平均水平，约有 25% 的挑战者能够达到这个段位。
黄金段位	45—52 分	超过了约 75% 的挑战者，约有 15% 的挑战者能够达到这个段位。
钻石段位	53—66 分	超过了 90% 的挑战者，约有 10% 的挑战者能够达到这个段位。
最强大脑	67 及以上	超过了 99% 的挑战者，仅有 1% 的挑战者能够达到这个段位。
最高分	72	本次三百位左右的挑战者中的最好成绩。

观察力——最强大脑版

1　测验介绍

适用年龄：10 岁以上

本测验是观察力测验的正式版，用于 2019 "最强大脑"复试。题目形式与体验版一致，需要你根据线条的走势，分别找到 1—10 号线条的终点，并将终点对应的字母选出来。注意每条线条的起点和终点一一对应。

正式版与体验版的不同在于正式版中线条的交汇更多、更复杂，对观察力有很大挑战。另外完成本测验同时还需要注意力和推理能力的辅助。挑战者需要将注意力集中在某根线条上，追踪线条的走势，在线条穿过中间弯曲混杂的区域时，需要排除其他线条的干扰，注意力集中。当线条彼此交叉时，还需要根据线条的整体形态，以及其他线条的走势，推断线条穿过交叉点后最可能的方向，最终找到线条终点。观察力优秀的挑战者，能够在规定时间内找到更多的线条终点。

2 例题

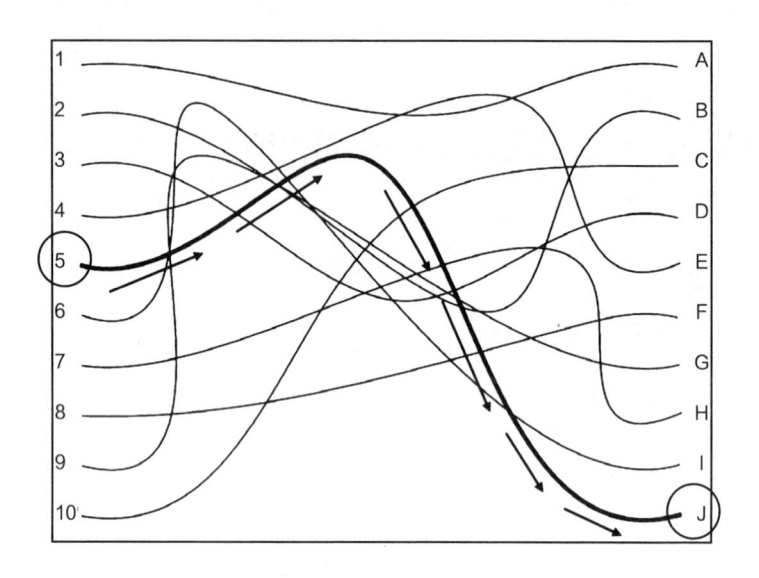

解题思路：

解题时集中注意力追踪每一条线，从起点走到终点。题目的难点在中心区域，每道题目中有 10 条线，中心区域线条彼此交叉，需要你集中注意力，否则极容易混淆不同的线路。真题中，线条交叉更为复杂，两条线交汇在一起，可能很难一次就判断出线条的方向，可以尝试使用排除法。

题目答案：

线的编号	1	2	3	4	5	6	7	8	9	10
对应字母	A	B	D	E	J	I	H	F	G	C

3 挑战

请你根据线条的走势，分别找到1—10号线条的终点，并将终点对应的字母选出来。共16道大题，每道大题中有10条线，答题时间5分钟。

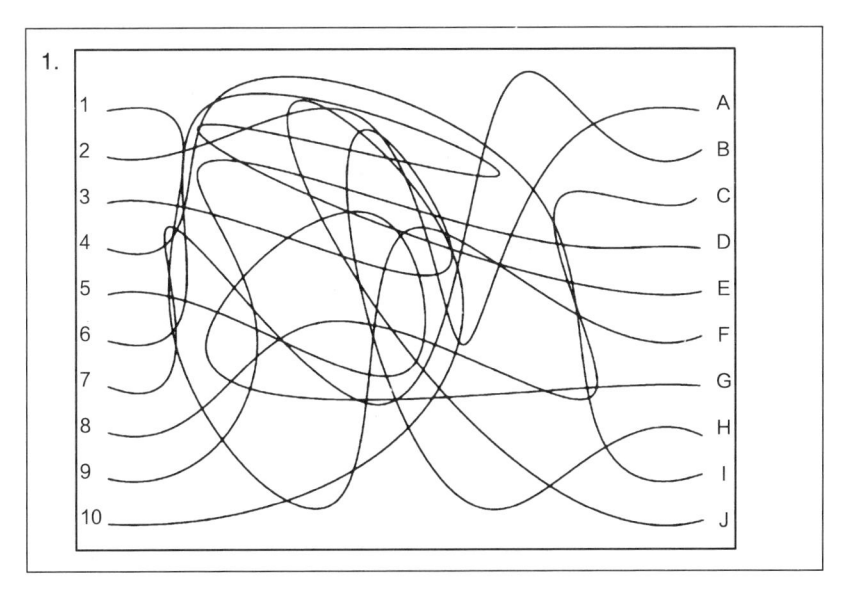

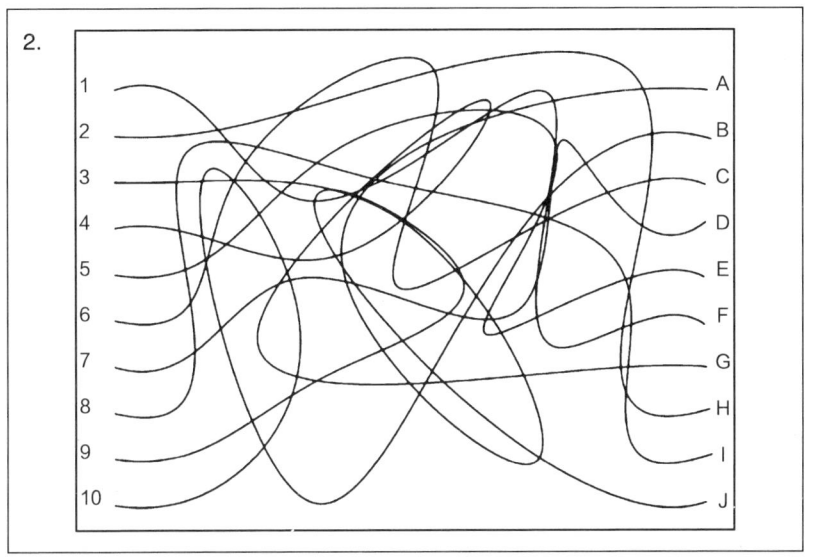

3.

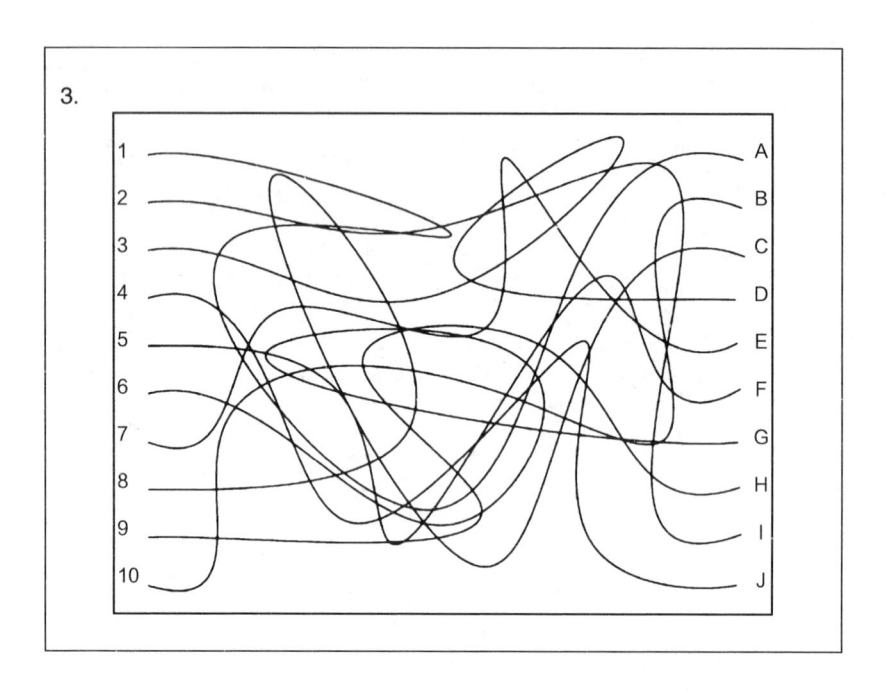

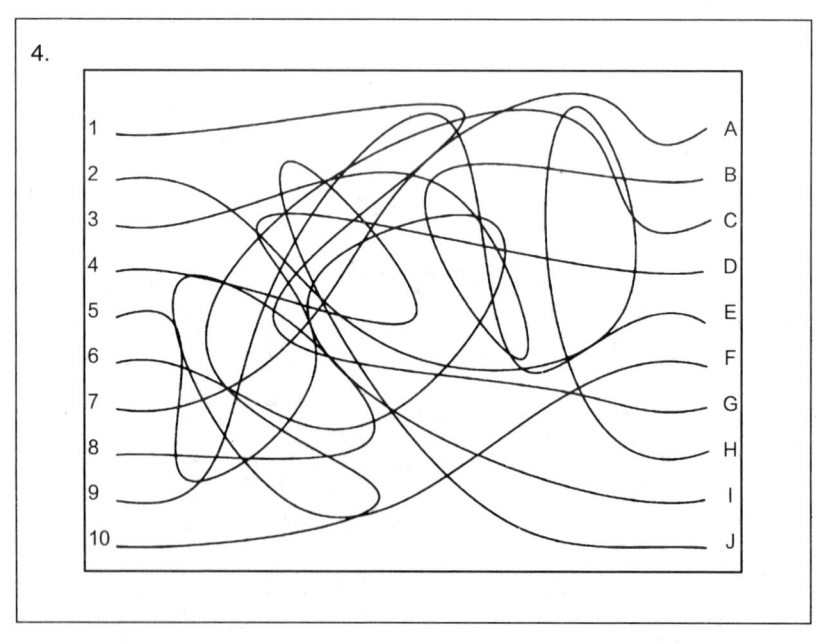

4.

PART 2　挑战最强大脑 / 061

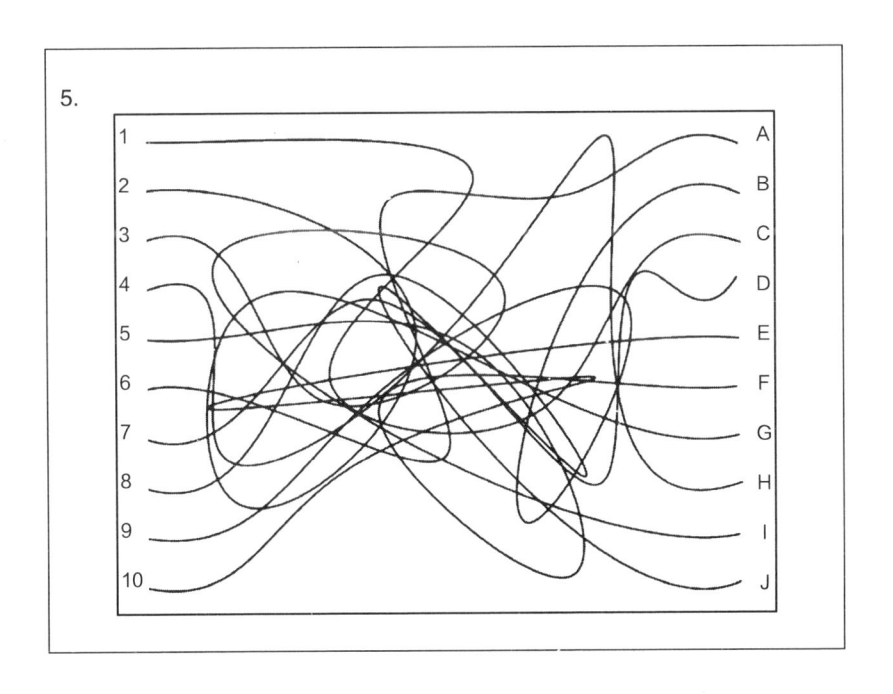

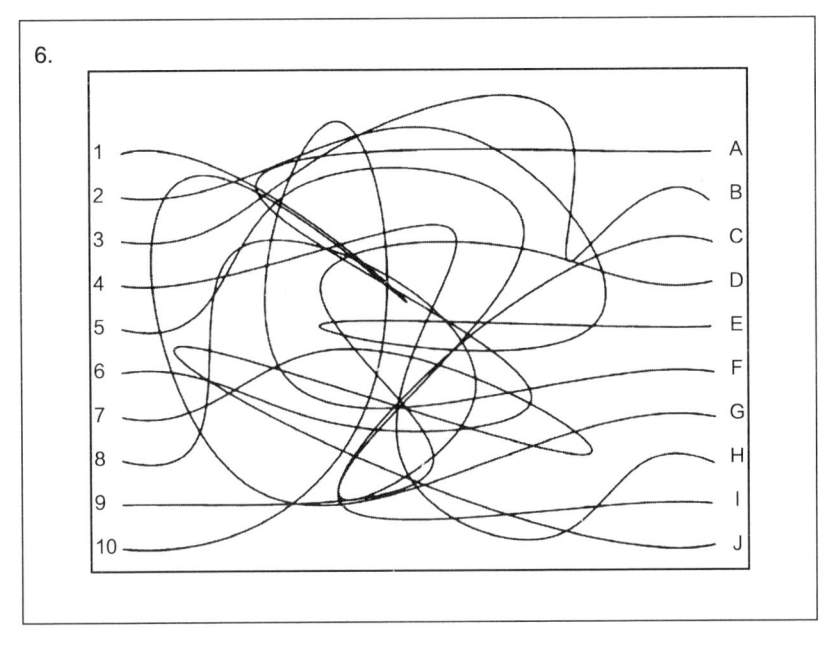

7.

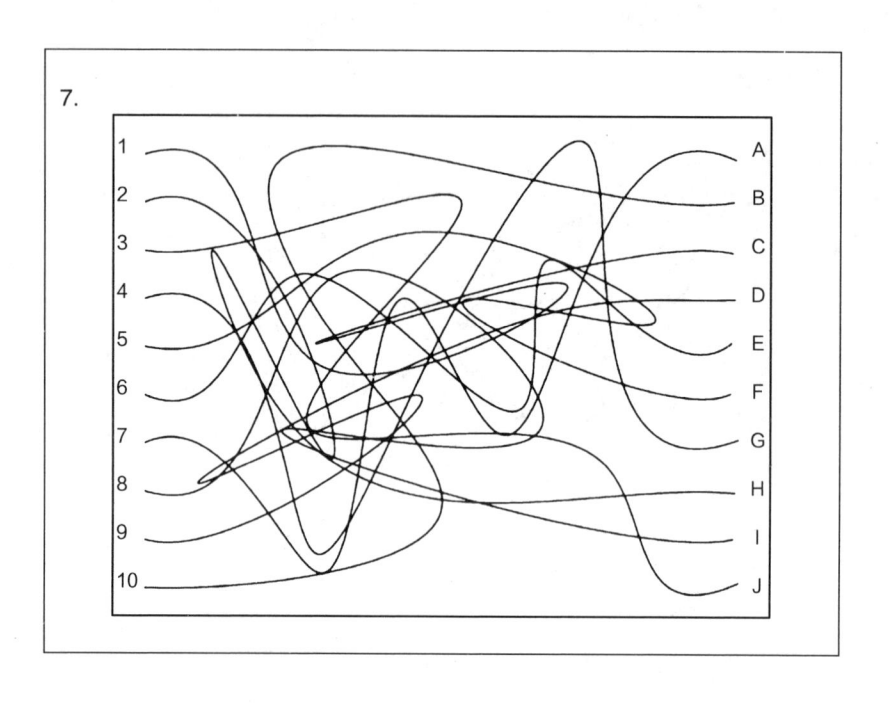

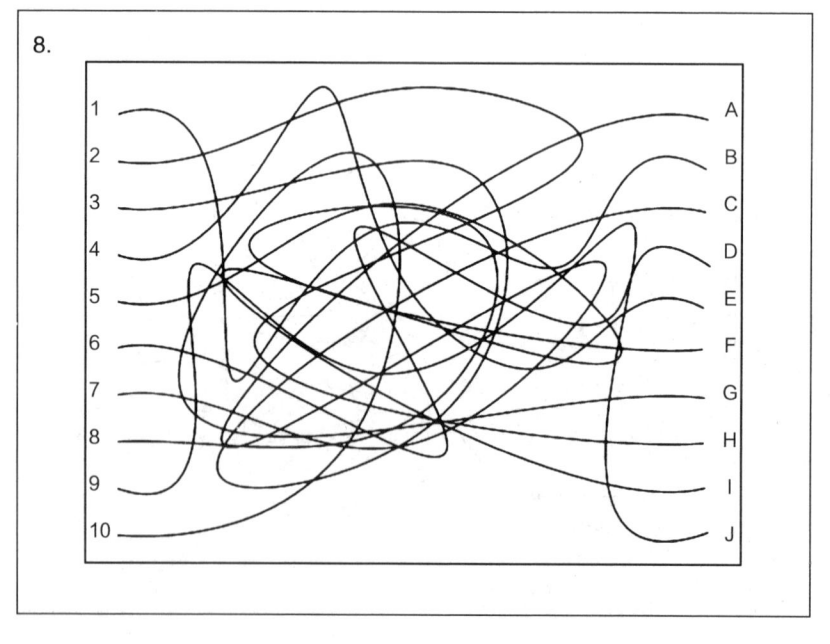

8.

062 / 成为最强大脑

PART 2 挑战最强大脑 / 063

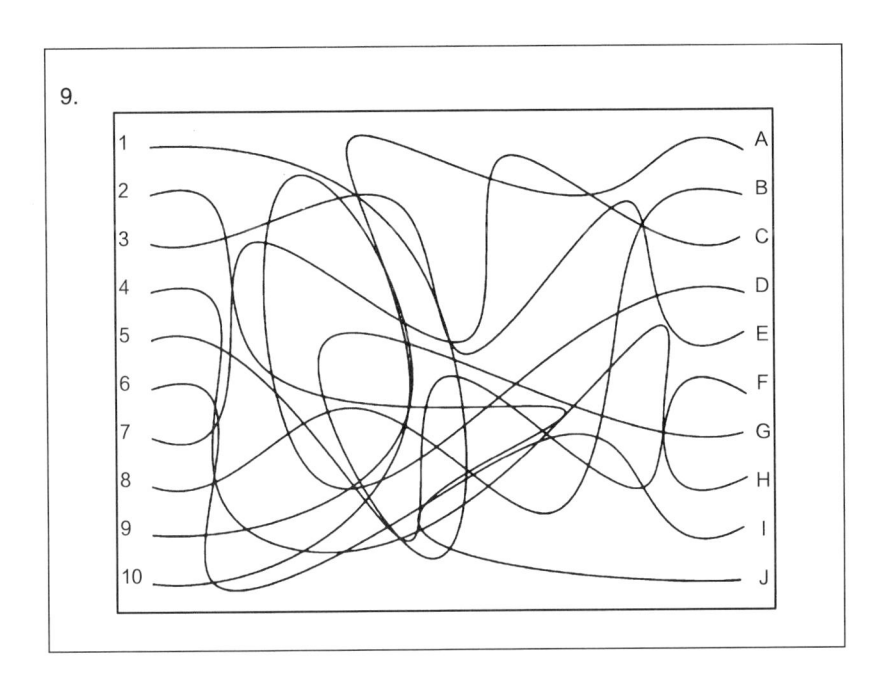

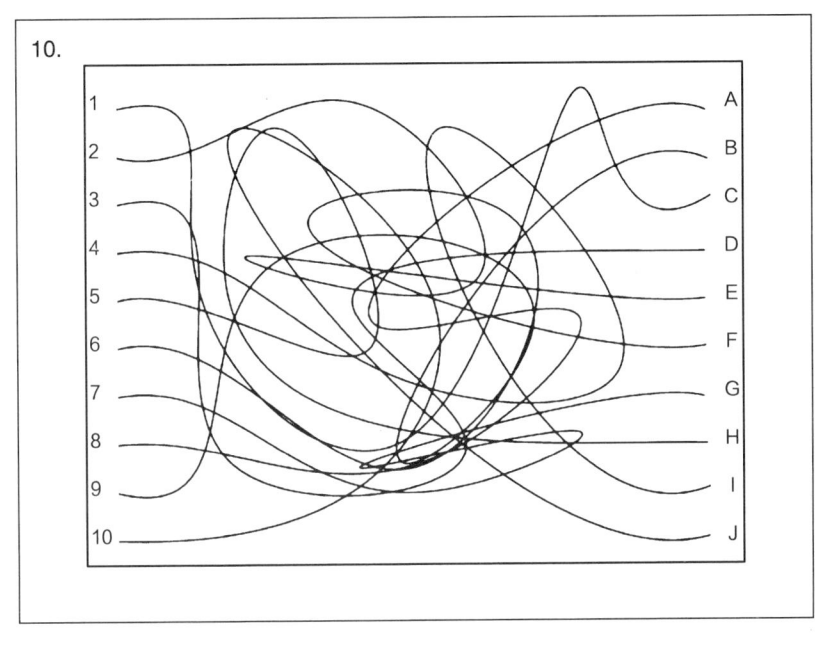

11.

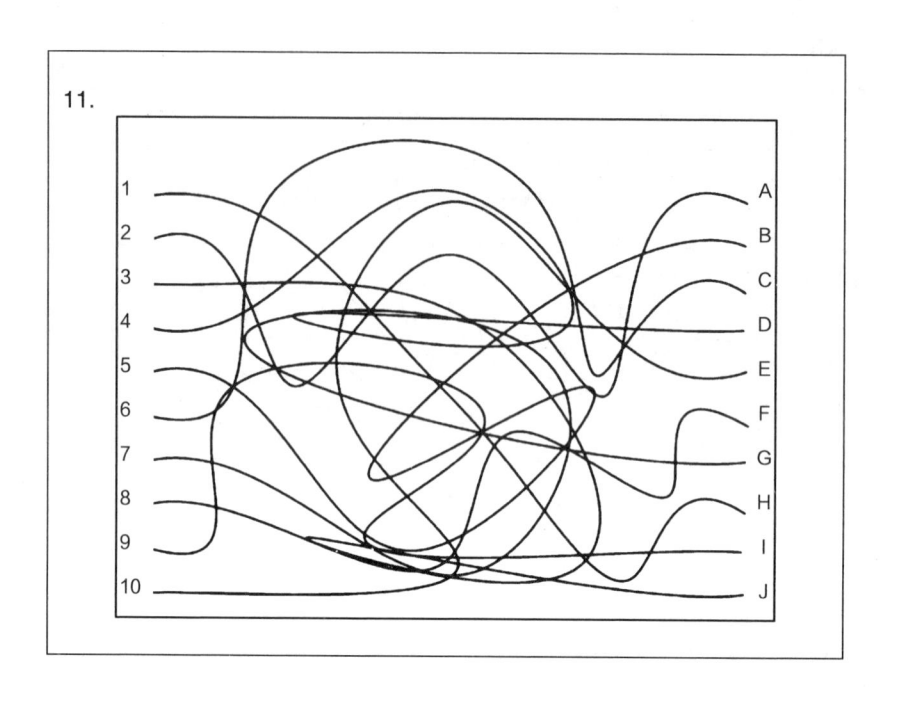

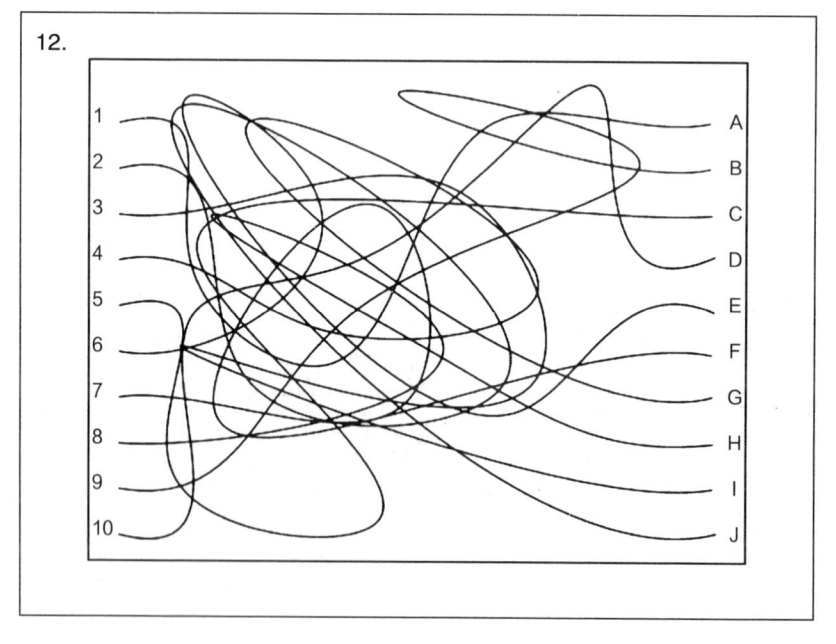

12.

13.

14.

PART 2　挑战最强大脑 / 065

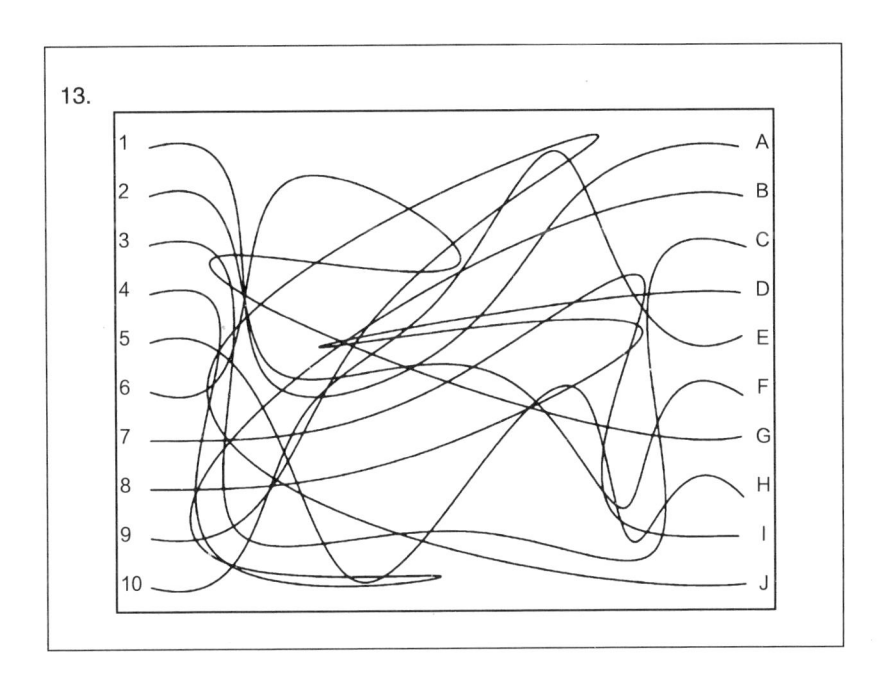

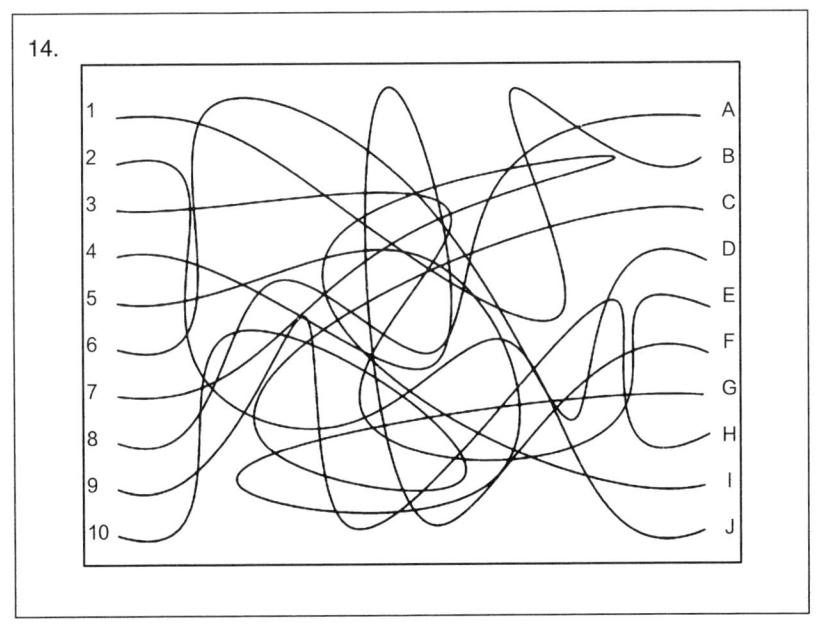

15.

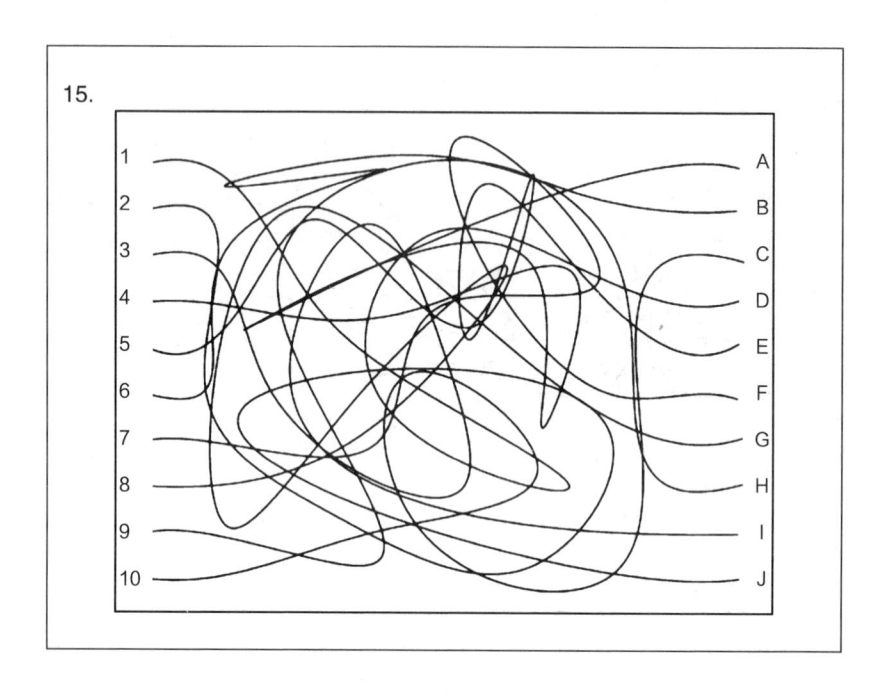

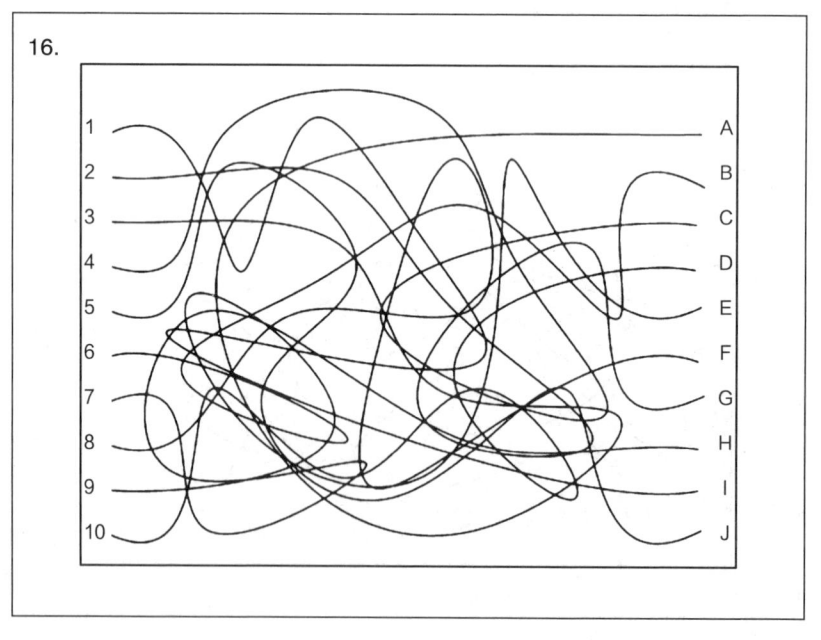

16.

4 答案

正确找到一根线条的终点计1分，找错不扣分，总分为所有正确线条数之和。

题号	答案（线的编号与对应字母）										
	1	2	3	4	5	6	7	8	9	10
1	F	A	H	I	G	E	B	C	D	J
2	F	H	A	G	E	C	D	I	J	B
3	A	I	D	J	F	G	E	C	H	B
4	G	H	B	J	D	I	A	F	E	C
5	C	G	I	H	F	A	D	J	B	E
6	G	E	B	H	I	A	J	C	D	F
7	C	H	J	G	F	E	A	I	D	B
8	B	H	C	E	I	D	A	F	J	G
9	G	J	E	H	F	I	C	B	D	A
10	C	E	D	I	H	F	G	A	B	J
11	H	A	J	D	B	C	G	F	I	E
12	A	J	I	G	C	E	F	H	B	D
13	A	F	C	B	H	G	I	D	J	E
14	B	J	E	F	G	D	I	A	H	C
15	D	J	I	A	E	B	F	G	H	C
16	I	G	A	C	J	B	H	F	E	D

我的总分：＿＿＿＿＿＿＿

5　得分解读

下图是 2019 年三百多名最强大脑复试挑战者的得分分布，你可以在下图中找到自己在这三百多名挑战者中的排位。图中的横坐标是"得分"，纵坐标是"超过的人数比例"。请你找到自己的得分在线条上对应的点，再看这个点对应的纵坐标位置，就能得出自己超过多少挑战者了。超过的人数比例越高，观察力在挑战者中越强。例如：如果得分为 30，找到横坐标 30 在曲线上对应的点，即 84 左右，说明得分为 30 在观察力排位中超过了约 84% 的挑战者。

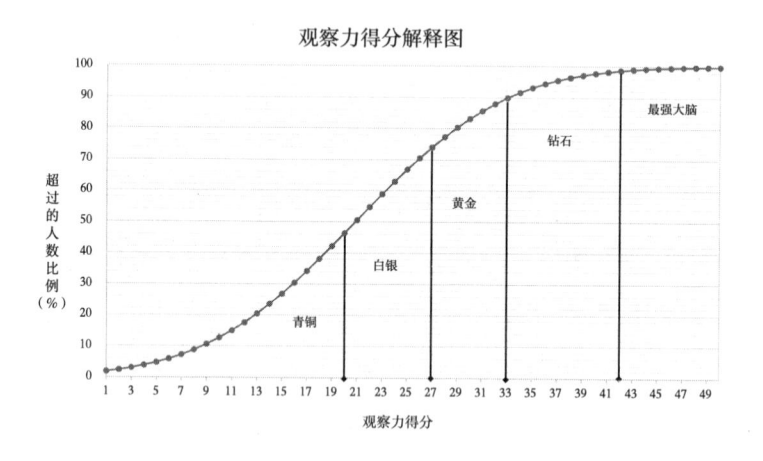

观察力得分解释图

我们将这三百多名挑战者构成的排行榜分为了 5 个段位，从低到高分别是青铜、白银、黄金、钻石、最强大脑。请注意，这三百位是进入复试的挑战者，平均观察力要超过普通人群，所以段位靠后不代表观察力弱，仅代表在 2019 最强大脑复试中的排位不高。

段位	分数段	描述
青铜段位	1—20	集中了近 50% 的挑战者,处在排位的后半段。
白银段位	21—27	超过了挑战者们的平均水平,约有 25% 的挑战者能够达到这个段位。
黄金段位	28—33	超过了约 75% 的挑战者,约有 15% 的挑战者能够达到这个段位。
钻石段位	34—42	超过了 90% 的挑战者,约有 10% 的挑战者能够达到这个段位。
最强大脑	43 及以上	处在本次挑战的金字塔尖,超过了 99% 的挑战者,仅有 1% 的挑战者能够达到这个段位。
最高分	46	本次三百多位挑战者中的最好成绩。

"最强大脑"初/复试真题解析

推理力测验

推理力——体验版

1　测验介绍

适用年龄：5—10 岁

本测验是推理力测验的体验版，适合幼儿园到小学的儿童。如果你之前接触推理题较少，也可以先通过这套题目来体验。本测验每个题目的题干都是一幅大图，大图中的不同部分之间存在着规律，"？"号是缺少的一部分。题目右边呈现了若干个选项，请你判断哪一个选项放入"？"区域后可以让大图变得更加合理和完整，把它选出来。

完成这个测验需要根据图片中已有的图形总结出一个可能的变化规律，再看哪个选项放进"？"处符合这个规律。本测验题目中隐含的规则是逐渐变复杂的，总结规则对挑战者的推理力、观察力和抽象力的要求越来越高。推理力强的挑战者能够发现图片中隐含的复杂规则，能够完成更多更难的题目。

2 例题

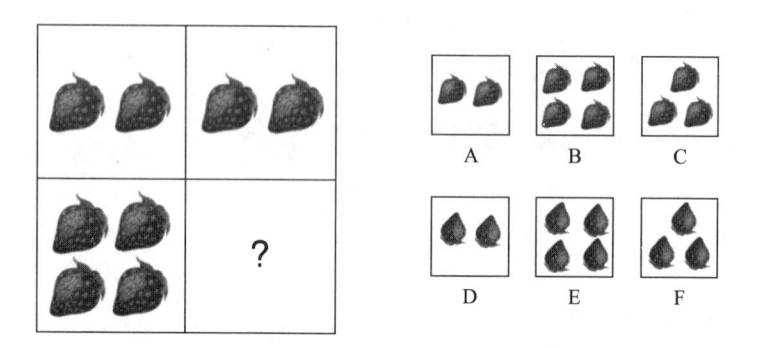

题目解析：

观察题干，大图中第一行草莓图案的数量均为 2，暗示每行草莓的数量相同，所以"?"处应该有 4 个草莓。另外，第一行的草莓都是一个方向的，那么第二行的草莓也应该是同一个方向的。因此，规则是每行的第二张图与第一张一致。

根据以上推断，"?"部分的草莓数量和方向与第二行的第一张是一致的，B 选项支持此推断，因此选 B。

解题思路：

以上题目解析只给到了观察总结规律的一个思路，你也许有更好的思路。本测验的图形推理题背后都包含明确的规则，通常都只有一个选项能够最好地满足题目中的规则。发现规则需要仔细观察图案包含的元素，及其在行、列间的变化，并进行总结。碰到没有思路的题目也可以依靠自己的图形直觉，将依靠直觉选定的选项代入"?"处，再看是否符合某种规则。真题中包含的规则种类更加丰富，也更复杂，也许你会从中找到发现规则的乐趣。

3 挑战

根据题目中的图形,推理图形之间的规律,从选项中选择你认为最符合规律的图形填入"?"处。共 20 题,答题时间 20 分钟。

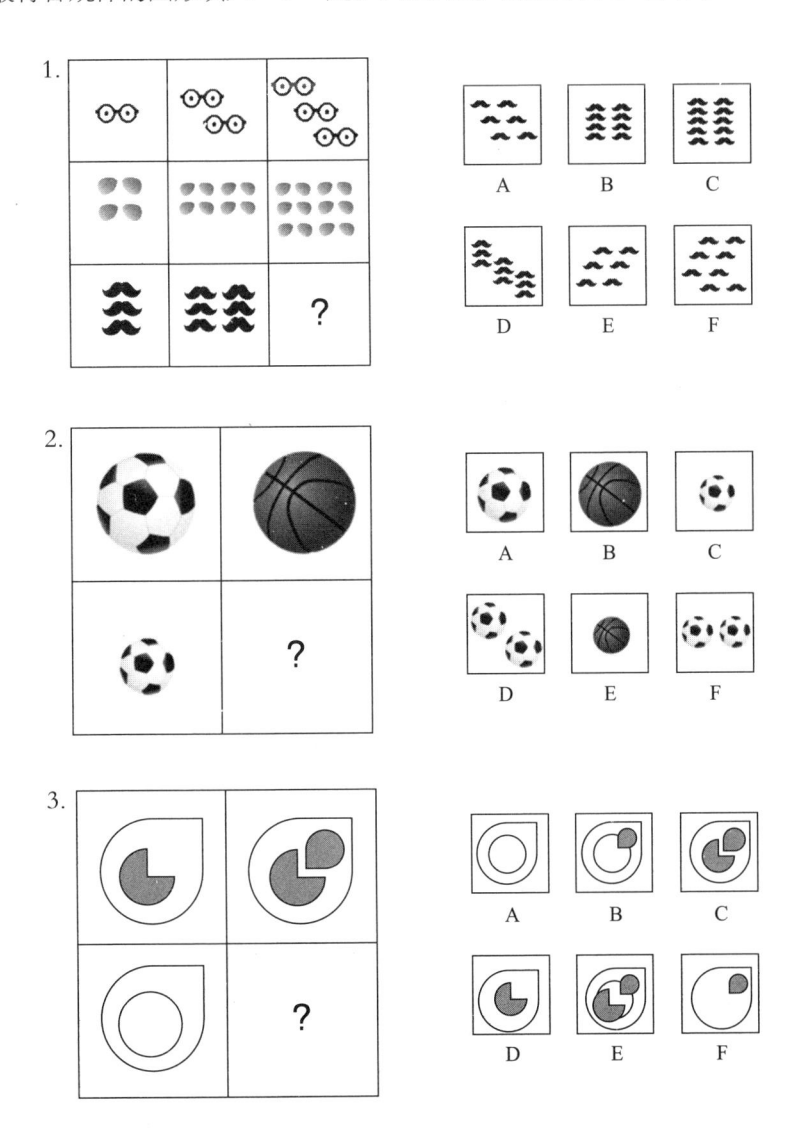

4.

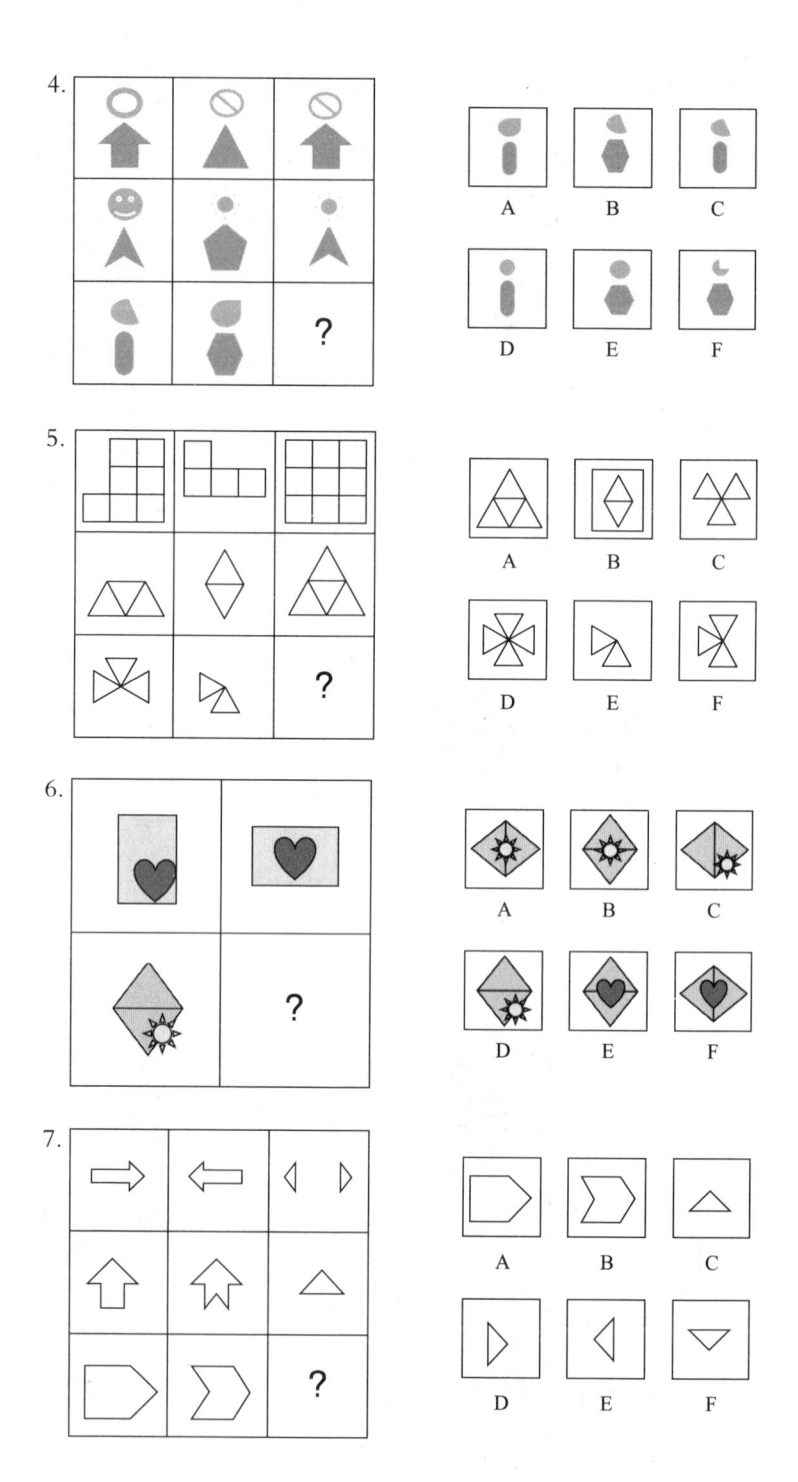

5.

6.

7.

8.

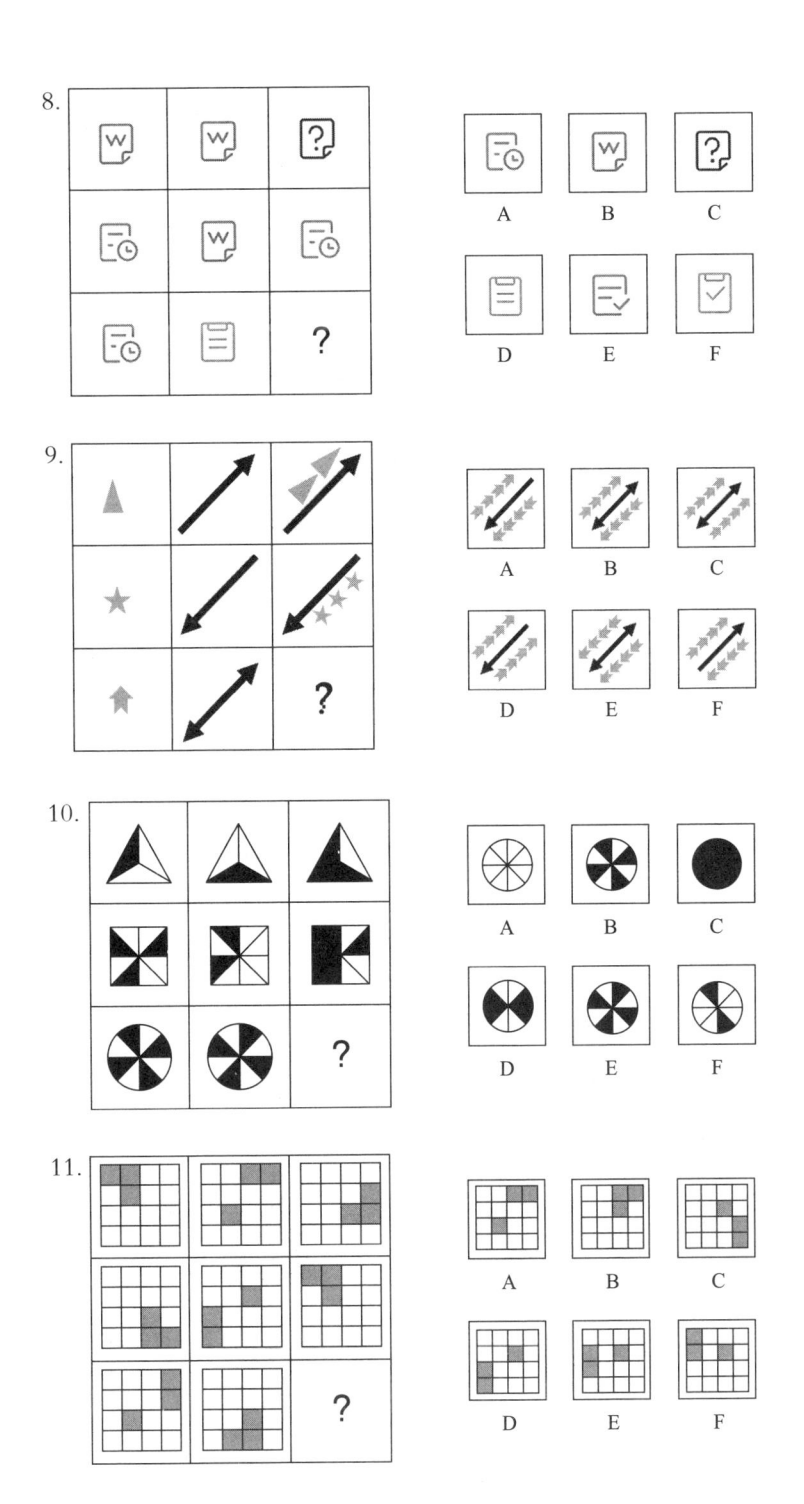

9.

10.

11.

12.

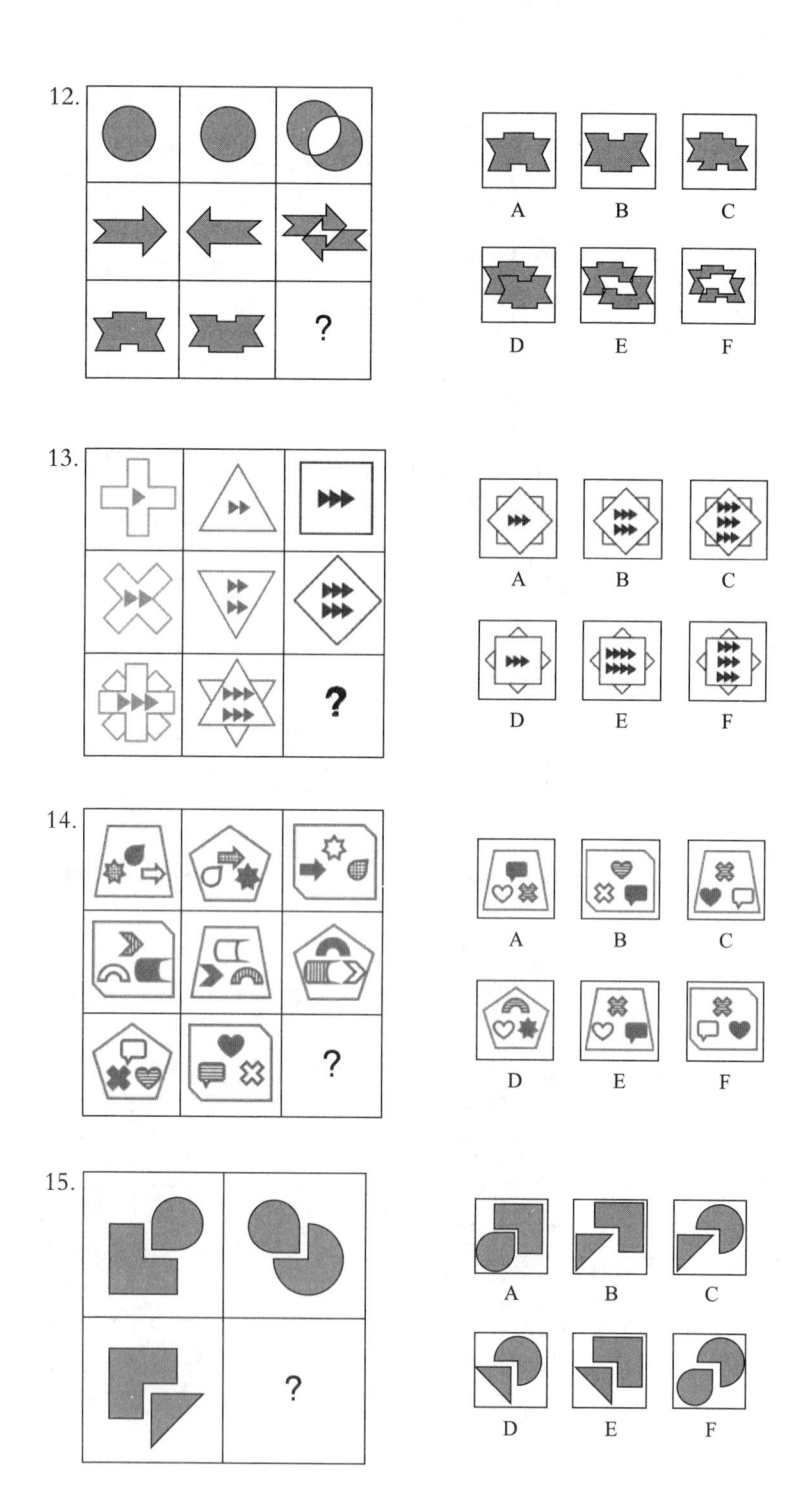

13.

14.

15.

16.

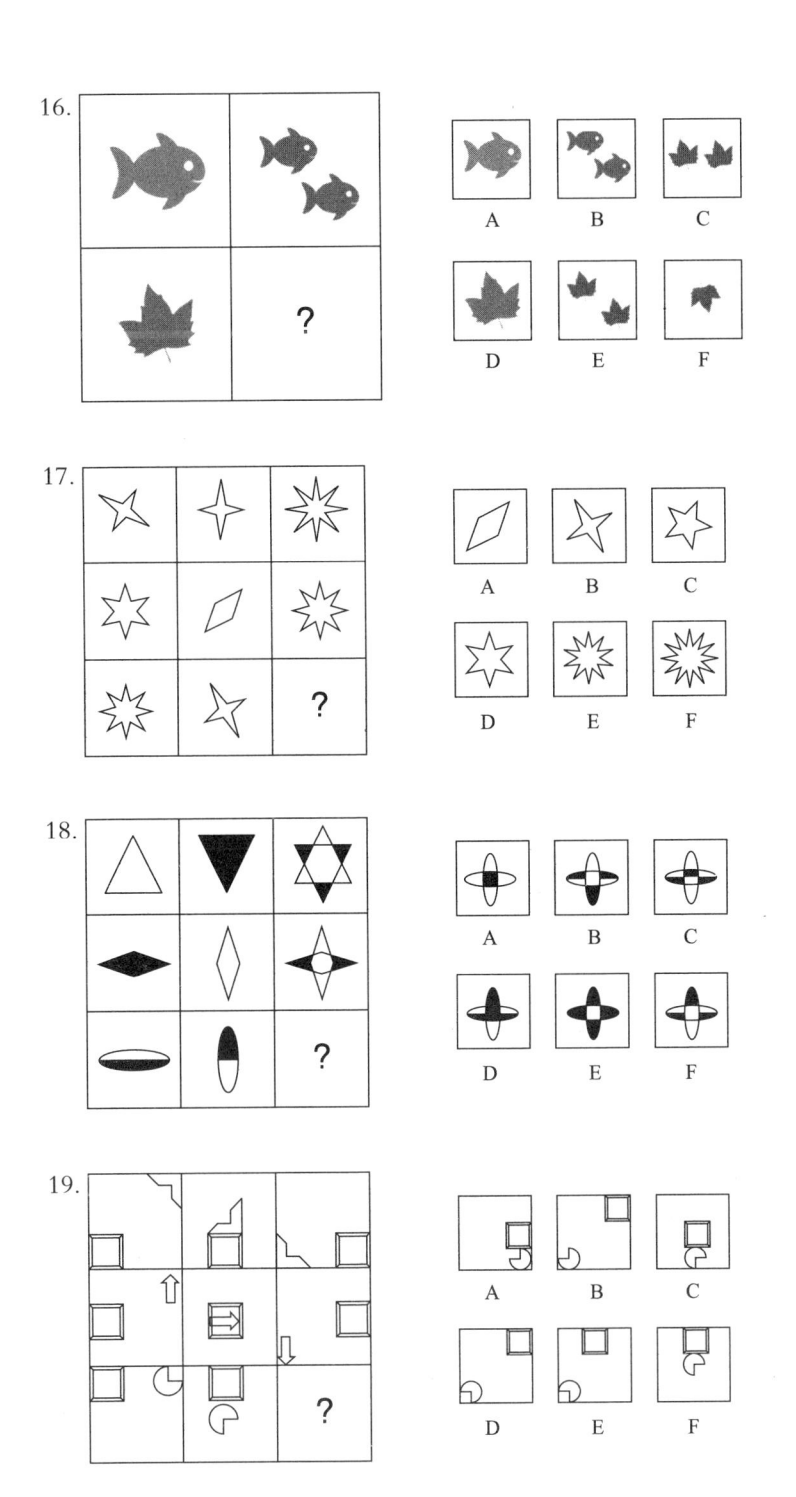

17.

18.

19.

20.

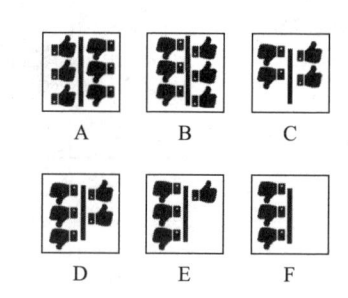

4 答案

答对一题计 1 分，答错不扣分，总分为所有正确题目之和。

题号	答案
1	B
2	E
3	B
4	A
5	D
6	A
7	D
8	D
9	B
10	C

题号	答案
11	F
12	E
13	F
14	E
15	D
16	E
17	F
18	F
19	D
20	E

我的总分：＿＿＿＿＿＿

部分题目解析：

第 11 题：

观察第一行，从左到右，外圈两个小方块每次顺时针走 2 格，内圈的小方块每次逆时针走 1 格。

观察第二行，从左到右，外圈两个小方块每次顺时针走 3 格，内圈的小方块每次依然逆时针走 1 格。

观察第三行，从左到右，外圈两个小方块每次顺时针走 3 格，内圈的小方块每次依然逆时针走 1 格。

第 20 题：

观察第一行，从左到右，第一个图片和第二个图片上大拇指的数量相加后，构成了第三张图片。

观察第二行，从左到右，竖线左侧的大拇指数量是相减的，竖线右侧大拇指数量是相加的。不难发现，左侧相减是因为大拇指的朝向不一致。至此，可推断，竖线的一侧，大拇指方向相同的相加，方向不同的抵消，即相减。

观察第三行，根据前两行发现的规则，竖线左侧大拇指方向一致，所以相加为 3，竖线右侧大拇指方向相反，所以相减为 1，答案为 E。

5　得分解读

下图是 2019 年两千多名 5—10 岁的最强大脑挑战者的得分分布，可以在下图中找到自己在挑战者中的排位。如果你也恰好处在这个年龄段，下图中的排名还能够帮助你了解自己在这个年龄段的推理力的发展水平。

图中点的横坐标是"得分"，纵坐标是"超过的人数比例"，请你找到自己的得分在曲线上对应的点，再看这个点对应的纵坐标位置，就能得出自己超过多少挑战者了。超过的人数比例越高，推理力在挑战者中越强。例如：如果得分为10，找到横坐标10在曲线上对应的点，即53左右，说明得分为10在推理力排位中超过了约53%的挑战者。

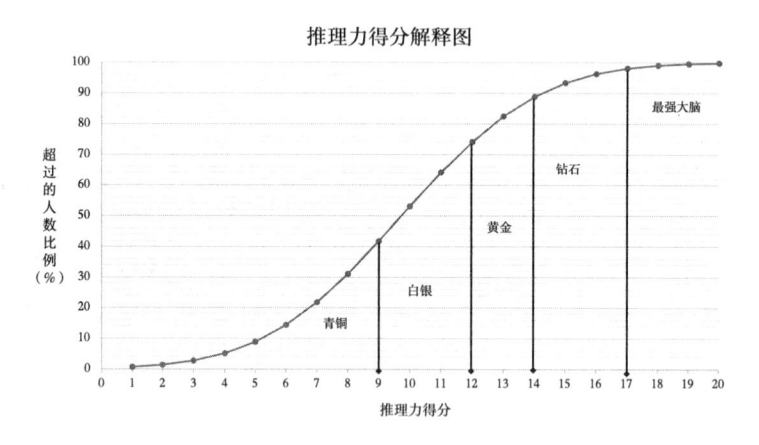

推理力得分解释图

我们将这两千多名5—10岁的挑战者构成的排行榜分为了5个段位，从低到高分别是：青铜、白银、黄金、钻石、最强大脑。请注意：排行榜中的挑战者是5—10岁的儿童。

段位	分数段	描述
青铜	1—9	集中了近50%的挑战者，处在排位的后半段
白银	10—12	超过了挑战者们的平均水平，约有25%的挑战者能够达到这个段位
黄金	13—14	超过了约75%的挑战者，约有15%的挑战者能够达到这个段位
钻石	15—17	超过了90%的挑战者，约有10%的挑战者能够达到这个段位
最强大脑	18及以上	超过了99%的挑战者，仅有1%的挑战者能够达到这个段位
最高分	19	本次两千多位挑战者中的最好成绩

推理力——最强大脑版

1　测验介绍

适用年龄：11岁及以上

本测验是推理力测验的正式版本，曾用于2018年"最强大脑"挑战者复试。本测验每个题目的题干都是一幅大图，大图中的不同部分之间存在着规律，"？"号是缺少的一部分。题目右边呈现了若干个选项，请你判断哪一个选项放入"？"区域后可以让大图变得更加合理和完整，把它选出来。

测验形式与"推理力——体验版"完全一致，只是推断的图形元素和规则更加复杂。在体验版中得分很高的低年龄挑战者，也可以尝试。

2　例题

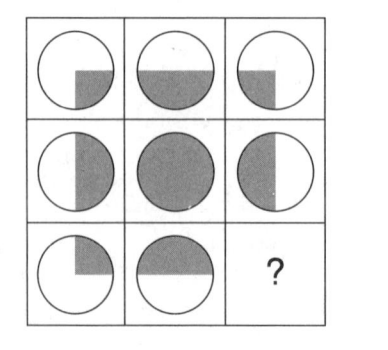

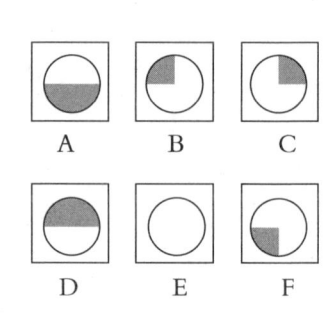

题目解析：

观察题干，8个小图形都为圆形，说明最后一个小图形也是圆形；8个小图形中深色的部分大致可以构成一个正方形，因此，根据上述规律，"?"部分圆形中的深色部分应该是正方形的右下角。根据图片完整性，选项B为正确答案。

解题思路：

以上题目解析只给到了观察总结规律的一个思路，你也许有更好的思路。本测验的图形推理题背后都包含明确的规则，通常都只有一个选项能够最好地满足题目中的规则。发现规则需要仔细观察图案包含的元素，及其在行、列间的变化，并进行总结。碰到没有思路的题目也可以依靠自己的图形直觉，将依靠直觉选定的选项代入"?"处，再看是否符合某种规则。

在真题中，题目的难度会更高，一道题目包含规则的数量会更多，同时规则本身会变得更加复杂，呈现更为隐蔽。如果遇到一时难以发现规律的题目，可以先跳过，也许能够从其他题目的规则中获得启发。

3 挑战

根据题目中的图形，推理图形之间的规律，从选项中选择你认为最符合规律的图形填入"?"处。共20题，答题时间20分钟。

1.

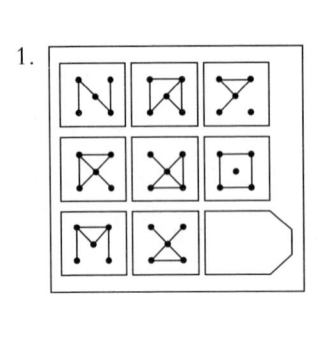

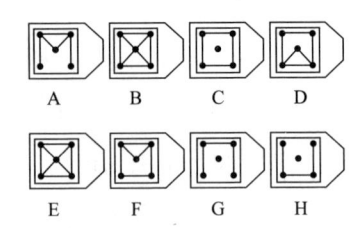

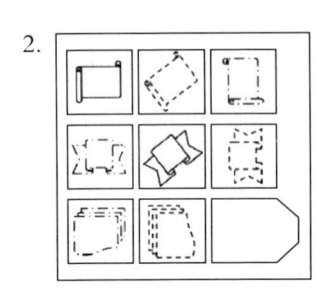

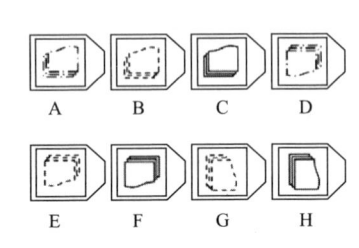

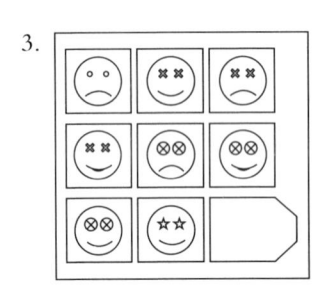

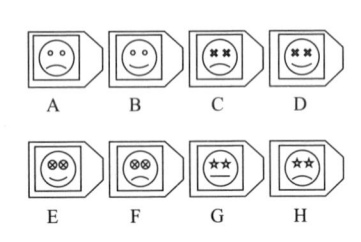

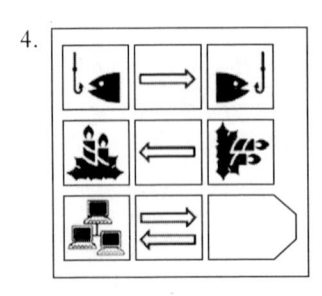

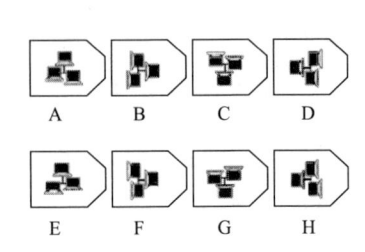

2.

3.

4.

084 / 成为最强大脑

5.

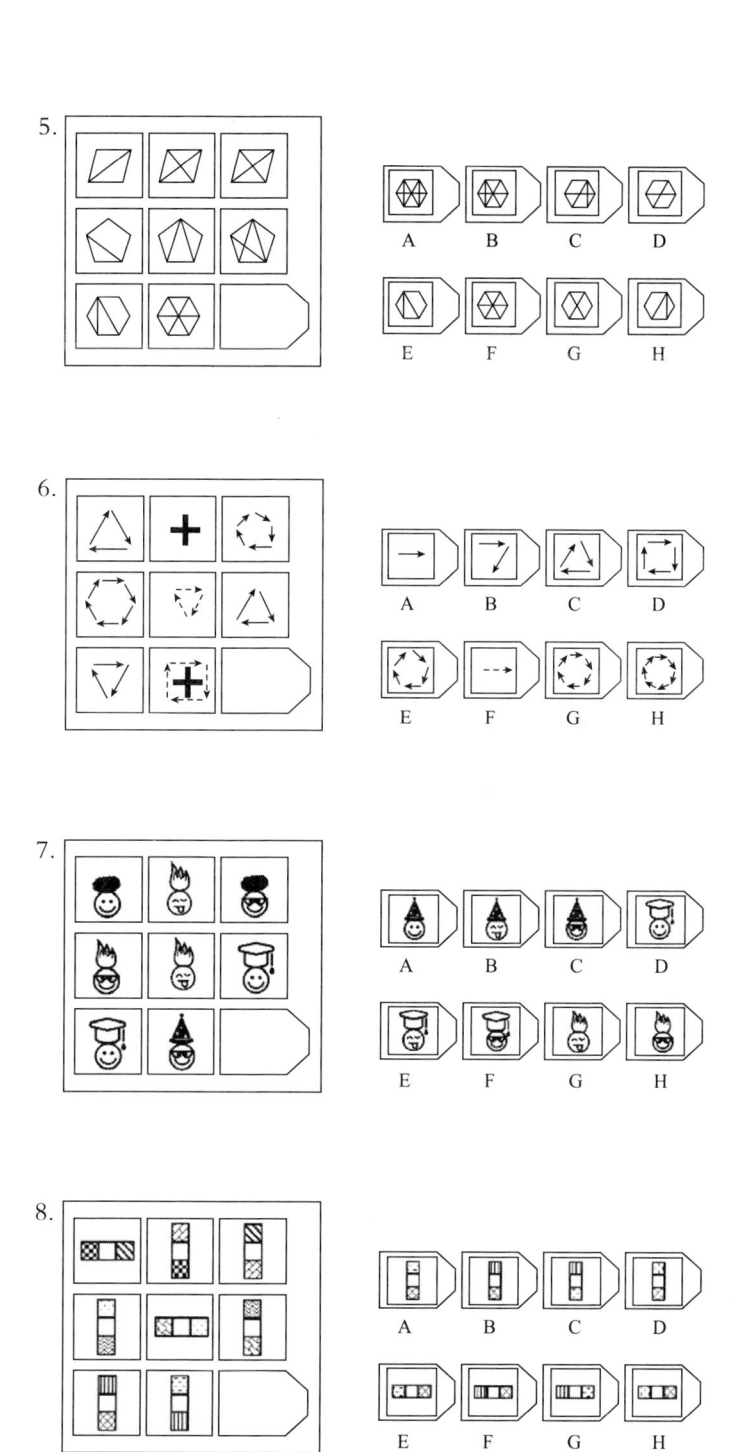

6.

7.

8.

9.

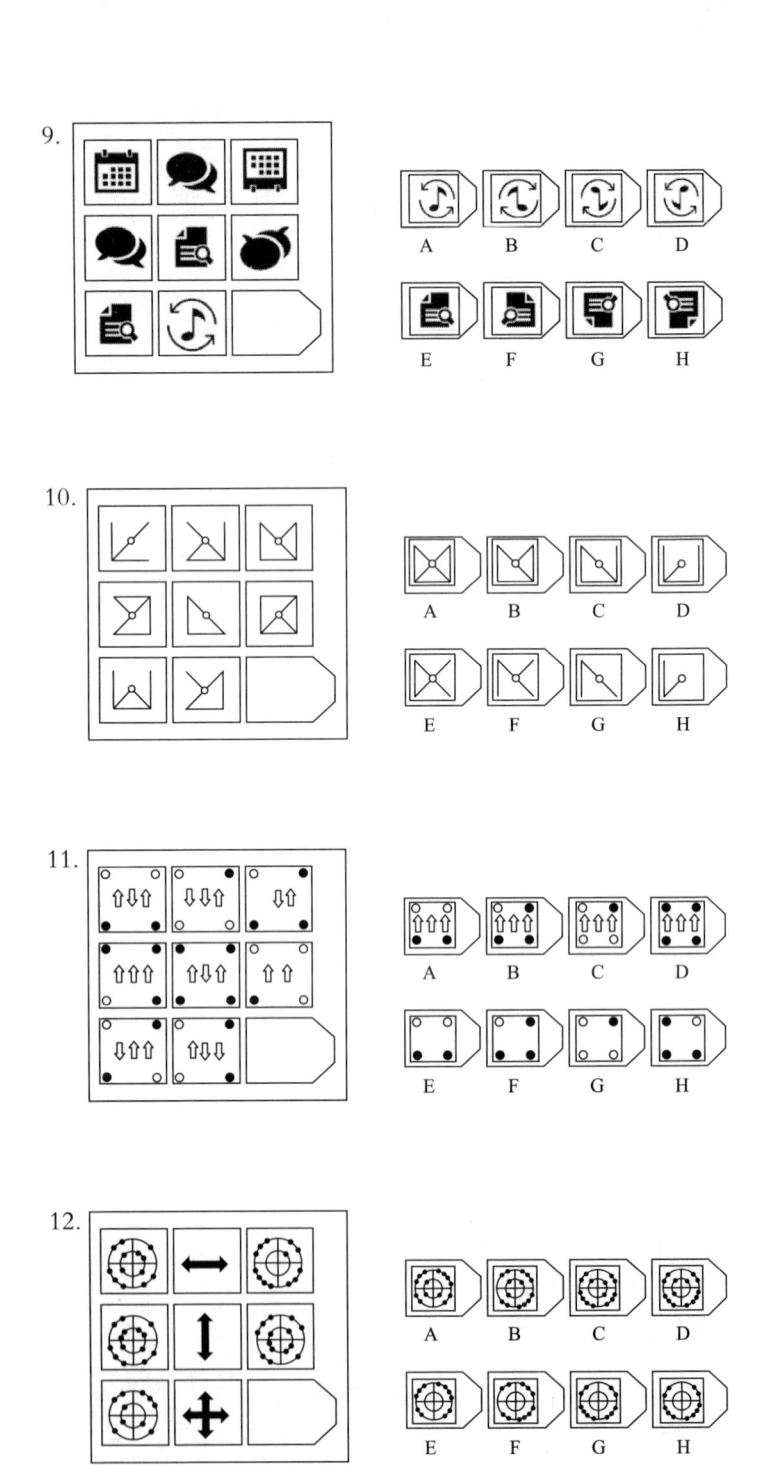

10.

11.

12.

13.

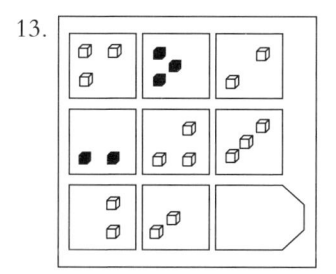

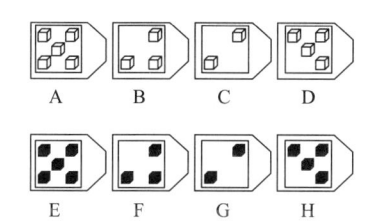

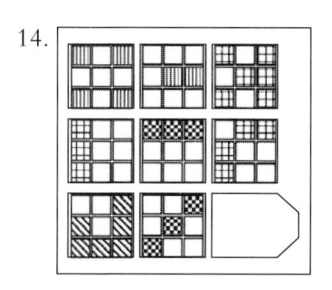

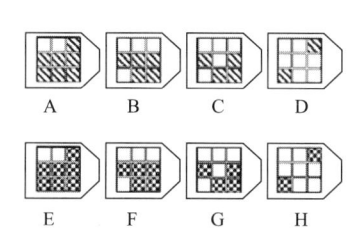

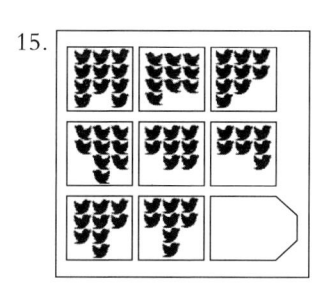

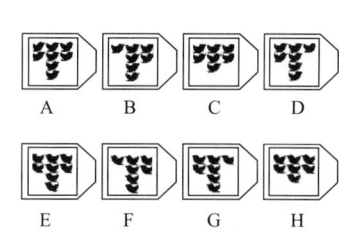

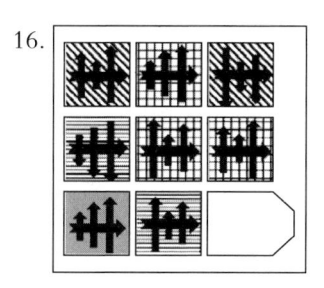

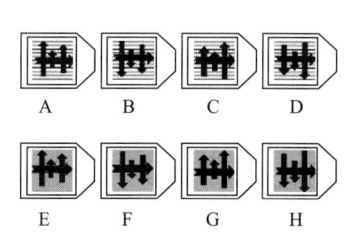

14.

15.

16.

17.

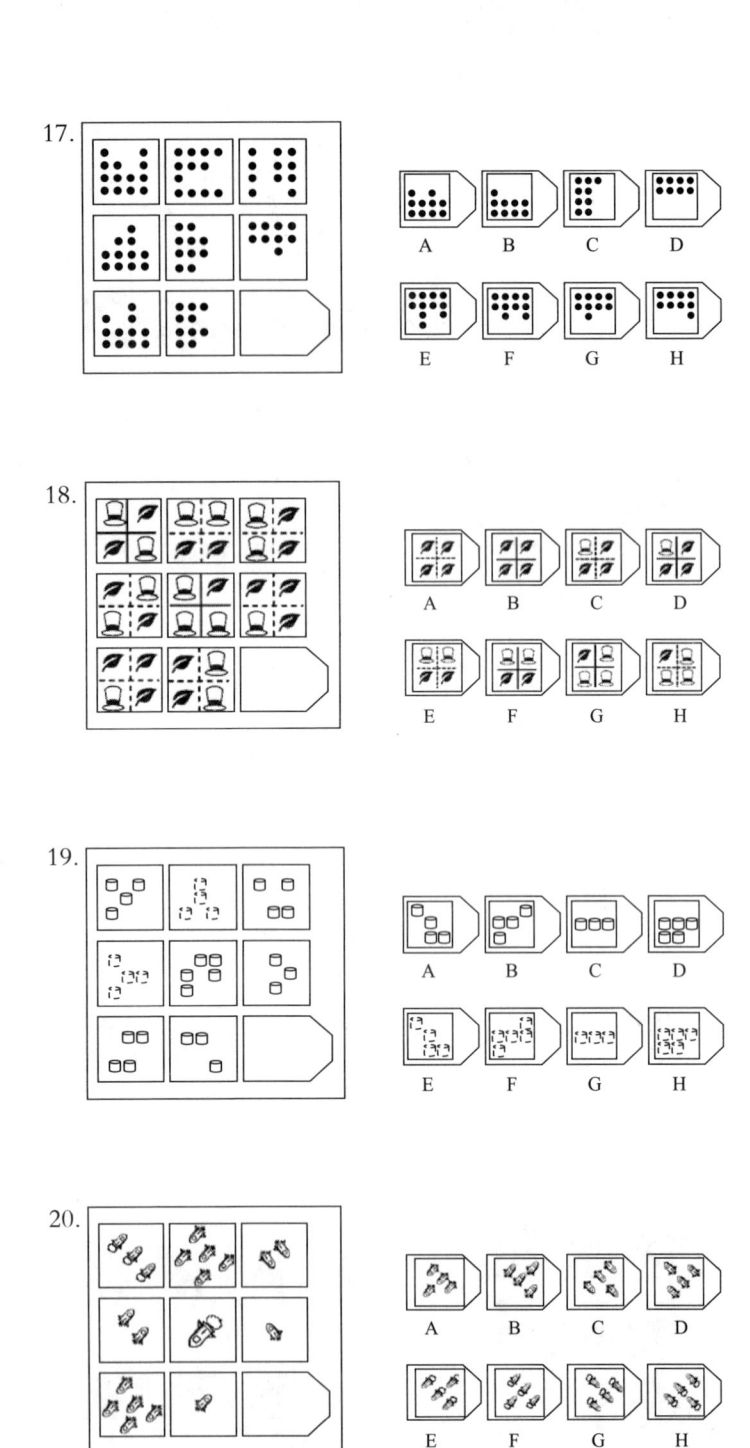

18.

19.

20.

4 答案

答对一题计1分,答错不扣分,总分为所有正确题目之和。

题号	答案
1	D
2	C
3	H
4	F
5	B
6	A
7	E
8	E
9	G
10	B

题号	答案
11	E
12	H
13	H
14	F
15	F
16	D
17	H
18	D
19	F
20	G

我的总分:＿＿＿＿＿＿

部分题目解析：

第1题

观察第一行,从左到右,第一个图形与第二个图形中重合的线条在第三个图形中消失了,不重合的线条依然保留。

观察第二行,变化规律和第一行一致。第三行的变化规律应该与第一、二行一致,因此答案为D。

第 4 题

观察题干，不难发现第一列和第三列图形一致，但是方向有变化。中间一列箭头的方向不同，第三列图片的方向变化也不同。第一行，右箭头后的图形左右翻转对称，左箭头后的图形顺时针旋转了 90°，推测左箭头、右箭头上下排列，表示先左右翻转，后顺时针旋转 90°，答案选 F。

5　得分解读

下图是 2018 年约 650 名复试挑战者的得分分布，你可以在下图中找到自己在挑战者中的排位。图中点的横坐标是"得分"，纵坐标是"超过的人数比例"，请你找到自己的得分在曲线上对应的点，再看这个点对应的纵坐标位置，就能得出自己超过多少挑战者了。超过的人数比例越高，推理力在挑战者中越强。例如：如果得分为 10，找到横坐标 10 在曲线上对应的点，即 64 左右，说明得分为 10 在推理力排位中超过了约 64% 的挑战者。

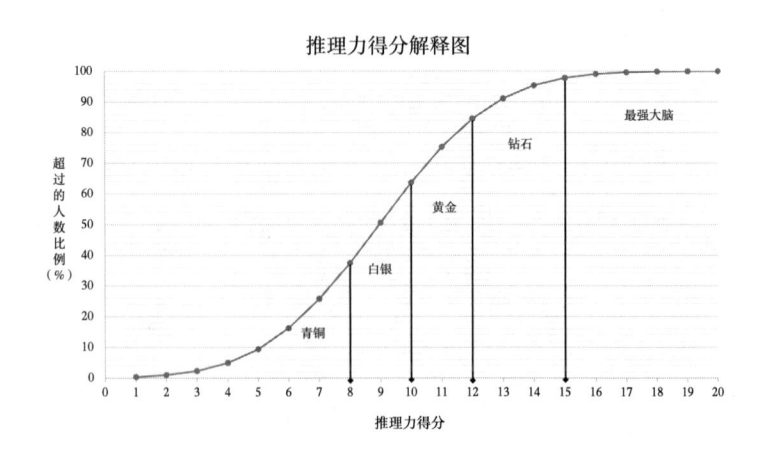

推理力得分解释图

我们将这约 650 名挑战者构成的排行榜分为了 5 个段位，从低到高分别是：青铜、白银、黄金、钻石、最强大脑。请注意：排行榜中都是进入复试的挑战者，推理力在人群中属于佼佼者，偏后的段位并不代表推理能力弱，只说明和最强大脑相比，还需要提升。

段位	分数段	描述
青铜	1—8	集中了近一半的挑战者，处在排位的后半段
白银	9—10	超过了挑战者们的平均水平，约有 1/4 的挑战者能够达到这个段位
黄金	11—12	超过了约 75% 的挑战者，约有 15% 的挑战者能够达到这个段位
钻石	13—15	超过了 90% 的挑战者，约有 10% 的挑战者能够达到这个段位
最强大脑	16 及以上	处在本次挑战的金字塔尖，超过了 99% 的挑战者，仅有 1% 的挑战者能够达到这个段位
最高分	19	本次约 650 位挑战者中的最好成绩

"最强大脑"初／复试真题解析

创造力测验

创造力——体验版

1　测验介绍

适用年龄：10—12 岁。

本测验是创造力的体验版，通过词语的联想考查挑战者的创造力。需要挑战者具备阅读能力和一定的词汇量，此版本较为简单，推荐四年级到六年级的小学生尝试体验。如果不在这个年龄段，也可以借此熟悉"最强大脑"版的创造力测验。

本测验中，每个题目会呈现三个汉字，请你想出一个字，与这三个字都可以组成一个现代汉语双字词，并写在后面的横线上。你给出的答案字不能与所呈现的三个字重复。在组成的双字词里，答案字可以位于所给字之前，也可以位于所给字之后，但组成的双字词必须是现代汉语中有意义的词语。有些题目可能有不止一个的答案，你只需要填写最恰当的一个即可。如果题目答案所涉及的汉字你不会写，可以使用拼音代替。这是一个限时测验，创造力强、联想更丰富更准确的挑战者，能够在规定时间内完成更多题目。

2　例题

享　祝　托　　　　福

解题思路：可以填写答案"福"，所给三个字都可以与"福"组成双字词"享福""祝福""托福"。

3 挑战

请你想出一个字，与题目中的三个字都能组成一个现代汉语双字词。共计 25 题，答题时间 2 分钟。

1. 拍　买　贩　　_____
2. 结　缚　拘　　_____
3. 统　疗　防　　_____
4. 氛　服　争　　_____
5. 香　材　肥　　_____
6. 等　问　侍　　_____
7. 吹　励　敲　　_____
8. 温　浓　态　　_____
9. 讷　耳　积　　_____
10. 始　脱　发　　_____
11. 空　间　缝　　_____
12. 贞　劳　纵　　_____
13. 了　瓦　分　　_____
14. 没　坐　村　　_____
15. 簿　户　目　　_____
16. 财　党　军　　_____
17. 有　用　率　　_____
18. 艺　章　学　　_____
19. 闭　急　迫　　_____
20. 孔　地　脸　　_____

21. 顾 过 旅 _____
22. 同 贝 种 _____
23. 体 变 外 _____
24. 苗 约 件 _____
25. 火 大 上 _____

4 答案

答对一题计1分,答错不扣分,总分为所有正确题目之和。以下为参考答案,其他合理答案亦可得分。

题号	答案
1	卖
2	束
3	治
4	气
5	料
6	候
7	鼓
8	度
9	木
10	开
11	隙
12	操
13	解

题号	答案
14	落
15	账
16	政
17	效
18	文
19	紧
20	面
21	客
22	类
23	型
24	条
25	海

我的总分:_____

5　得分解读

下图是2016年一千多名10—12岁的最强大脑挑战者的得分分布，可以在下图中找到自己在挑战者中的排位。如果你也恰好处在这个年龄段，下图中的排名还能够帮助你了解自己在这个年龄段的创造力的发展水平。

图中的横坐标是"得分"，纵坐标是"超过的人数比例"，请你找到自己的得分在线条上对应的点，再看这个点对应的纵坐标位置，就能得出自己超过多少挑战者了。超过的人数比例越高，创造力在挑战者中的越强。例如：如果得分为10，找到横坐标10在曲线上对应的点，即72左右，说明得分为10在创造力排位中超过了约72%的挑战者。

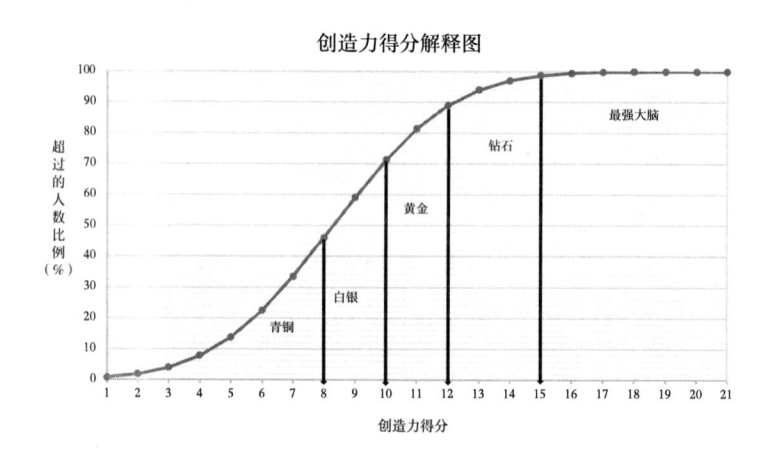

创造力得分解释图

我们将这一千余名10—12岁的挑战者构成的排行榜分为了5个段位，从低到高分别是：青铜、白银、黄金、钻石、最强大脑。请注意，此排行榜中的挑战者是10—12岁的儿童。

段位	分数段	描述
青铜	1—8	集中了近50%的挑战者，处在排位的后半段。
白银	9—10	超过了挑战者们的平均水平，约有25%的挑战者能够达到这个段位。
黄金	11—12	超过了约75%的挑战者，约有15%的挑战者能够达到这个段位。
钻石	13—15	超过了90%的挑战者，约有10%的挑战者能够达到这个段位。
最强大脑	16及以上	超过了99%的挑战者，仅有1%的挑战者能够达到这个段位。
最高分	19	本次一千多位挑战者中的最好成绩。

创造力——最强大脑版

1　测验介绍

适用年龄：10 岁以上。

本测验是创造力最强大脑正式版，曾用于 2017 年"最强大脑"初试。本测验与"创造力——体验版"类似，不同的是每个题目的题干是三个词语，彼此之间没有直接联系。请你想出一个词，与这三个词都具有一定程度的联系，并将答案填写在题目对应的横线上。这个词不可包含题干中已经出现的字，并且必须是一个由两个字构成的规范的汉语词语，不能是未收录词典的网络用语。

本测验对词汇量和联想的广度、深度要求更高，也是限时测验，创造力优秀的挑战者，能够在规定时间内完成更多题目。

2　例题

飞机　　蝴蝶　　蜻蜓　　__翅膀__

题目解析：

思考题干中飞机、蝴蝶和蜻蜓共同的特点，并以每一个词语为核心思考与之关联紧密的词语，相互对比并找到一个与这三个词语都相关的词语，这个词语与题干中三个词的关系越近越好。

请记住题目的要求：（1）不可以包含题干中的文字，比如包含"飞"的词语不能使用；（2）必须有两个字；（3）必须是常见的标准的汉语词汇。

解题思路：

人们完成这个测验的方式各有不同，大部分情况下很难描述自己是如何快速完成这个题目的，完成题目的过程类似于等待灵感降临。如果灵感没有及时出现，你可以尝试沿着词语之间常见的联系方式来搜索答案。

词语常见的联系包括：（1）近义词联系，如"家乡"与"故里"；（2）反义词联系，如"黑"与"白"；（3）可与题干组成短语的联系，如"热爱"和"祖国"组成"热爱祖国"；（4）特征相互关联，如"火焰"和"炙热"；（5）同一类别的联系，例如"苹果"和"橘子"都是水果。在真题中，词语之间可能的联系方式并不限于以上五种，只要是合理的联系都可以。

答题时还需要注意，请尽量找到与这三个词语关联最为紧密的词。每个远距离联想题都有1—2个与三个词关联最紧密的正确答案。正确答案是通过大规模测查和大数据分析得到的，确保答案与题干中的三个词在汉语中更常同时出现，并且在人们概念系统中更为接近。所以在做题时，可以尝试从简单常见的关联入手。

3 挑战

请你想出一个词,与这三个词都具有一定程度的联系,并将答案填写在题目对应的横线上。共计 20 题,限时 3 分钟。

1. 智力　软件　土地　　＿＿＿＿＿＿

2. 法律　游戏　制订　　＿＿＿＿＿＿

3. 卡通　肖像　知名　　＿＿＿＿＿＿

4. 遇难　面临　威胁　　＿＿＿＿＿＿

5. 平均　延长　年龄　　＿＿＿＿＿＿

6. 企业　长度　换算　　＿＿＿＿＿＿

7. 管理　空间　光阴　　＿＿＿＿＿＿

8. 办公　开发　程序　　＿＿＿＿＿＿

9. 进度　态度　职业　　＿＿＿＿＿＿

10. 阅历　习惯　享受　　＿＿＿＿＿＿

11. 和平　全球　地图　　＿＿＿＿＿＿

12. 筋骨　促销　娱乐　　＿＿＿＿＿＿

13. 保护　社会　自然　　＿＿＿＿＿＿

14. 素质　培养　事业　　＿＿＿＿＿＿

15. 实践　主义　现象　　＿＿＿＿＿＿

16. 媒体　发布　记者　_____

17. 保护　生命　意识　_____

18. 愿景　小学　梦想　_____

19. 答案　衡量　规范　_____

20. 管理　店铺　理念　_____

4　答案

答对一题计 1 分，答错不扣分，总分为所有正确题目之和。以下为参考答案，其他合理答案亦可得分。

题号	答案
1	开发
2	规则
3	人物
4	死亡
5	寿命
6	单位
7	时间
8	软件
9	工作
10	生活

题号	答案
11	世界
12	活动
13	环境
14	教育
15	社会
16	新闻
17	安全
18	希望
19	标准
20	经营

我的总分：_____

5　得分解读

接下来让我们一起看看最强大脑挑战者的榜单，找找你在其中排位吧。榜单中共有近两万名挑战者，为了方便你查找自己的位置，我们将榜单抽象成了下图。图中的横坐标是"得分"，纵坐标是排位；请你找到自己的得分在线条上对应的点，再看这个点对应的纵坐标位置，就能得出自己的排位了。例如：如果得分为 7，找到横坐标 7 在曲线上对应的点，即 84 左右，说明得分为 7 在创造力排位中超过了 84% 左右的挑战者，排在前 26%，表现很不错。

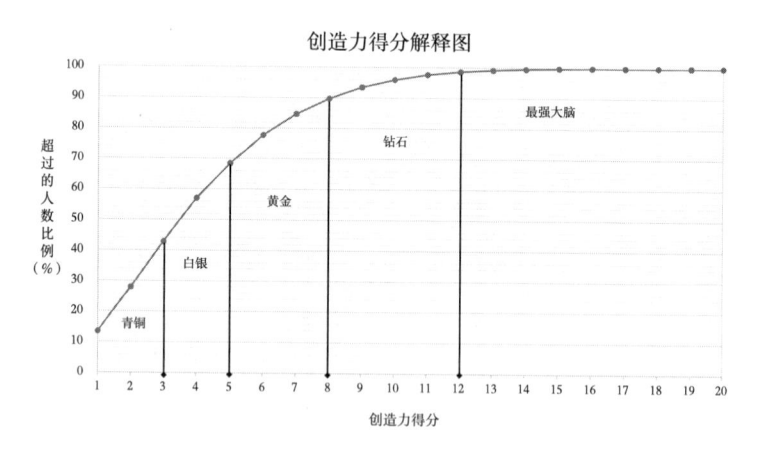

创造力得分解释图

同样，我们把这些挑战者的排位游戏化了一下。榜单上的排位等级被分成了 5 个段位，从低到高分别是青铜、白银、黄金、钻石、最强大脑。

段位	分数段	描述
青铜	1—3	集中了近50%的挑战者,处在排位的后半段。
白银	4—5	超过了挑战者们的平均水平,约有25%的挑战者能够达到这个段位。
黄金	6—8	超过了约75%的挑战者,约有15%的挑战者能够达到这个段位。
钻石	9—12	超过了90%的挑战者,约有10%的挑战者能够达到这个段位。
最强大脑	13及以上	处在本次挑战的金字塔尖,超过了99%的挑战者,仅有1%的挑战者能够达到这个段位。
最高分	19	本次近两万位挑战者中的最好成绩。

"最强大脑"初/复试真题解析

计算力测验

1　测验介绍

适用年龄：8—18岁

本测验在2017—2019"最强大脑"复试中进行了初步试用，我们考察了挑战者的计算思维能力，包括概括能力、分解能力、评估能力、抽象能力和算法思维。

具备计算思维的挑战者，在信息活动中能够采用计算机可以处理的方式界定问题、抽象特征、建立结构模型、合理组织数据；通过判断、分析与综合各种信息资源运用合理的算法形成解决问题的方案；总结利用计算机解决问题的过程与方案，并迁移到与之相关的其他问题解决中。

2　例题

请你认真地阅读题目，并开动脑筋，根据题目选出你认为最合适的答案。

例题：充电

小猫家有三部手机，手机都没电了。

每部手机充满电需要2个小时。小猫家有两个手机充电器可以充电。

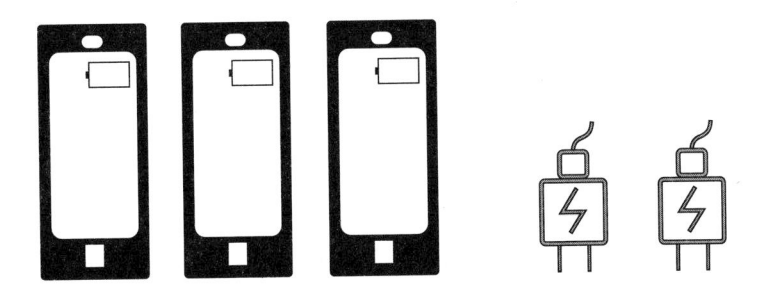

要把三部手机的电都充满，最快需要几个小时？

A. 6 个小时

B. 4 个小时

C. 3 个小时

D. 2 个小时

正确答案：C

解析：本题与计算科学中的任务调度有关。调度是指各种任务被分类、分配给能够完成工作的资源的方法。调度使得计算机的单个中央处理单元（CPU）可以处理多个任务，有时调度直接影响了系统的实时性能。本题中，一般的充电思路是先利用现有资源充满两部手机，然后再使用一个充电器充满最后一部手机，共用时 4 个小时。但若将充电考虑成可打断的过程，我们就可以下方式在 3 个小时给手机充满电：第一个小时给手机 1+2 充电，第二个小时给手机 1+3 充电，第三个小时给手机 2+3 充电。而且，我们不可能在不到 3 小时的时间内给所有手机充满电。

3 挑战

请你认真地阅读题目，并开动脑筋，根据题目选出你认为最合适的答案。共有 15 道题，测验时间为 40 分钟，遇到不会做的题可以暂时跳过。

（1）小猫咪的花园

小猫咪有个花园，每一天晚上，花园里都会新开 3 朵花，还会有 1 朵花会凋谢。今天花园里绽开了 4 朵花。请你来算一算，最快在第几天后小猫咪能在花园里收集到 15 朵花呢？

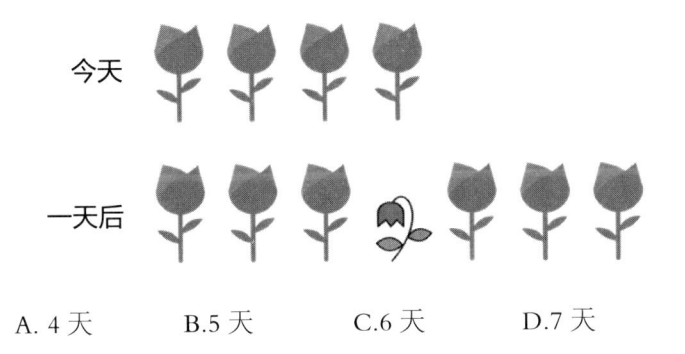

今天

一天后

A. 4 天　　　B. 5 天　　　C. 6 天　　　D. 7 天

（2）爱吃蛋糕的小老鼠

小老鼠喜欢沿着管道寻找食物。小老鼠总是会按照下面的路线来走：第一步：一直向下走，直到遇到交叉口。第二步：从交叉口走到另一根竖着的管道第三步：重复第一步问题：小老鼠从哪个入口进去才能吃到中间出口的蛋糕呢？

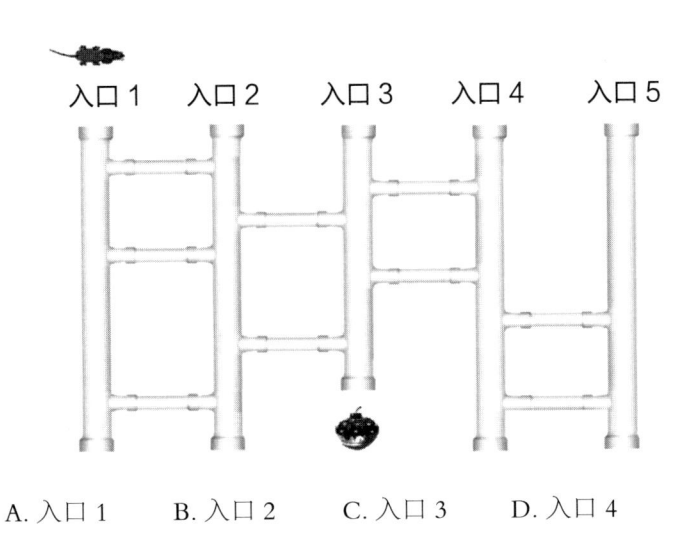

入口1　入口2　入口3　入口4　入口5

A. 入口 1　B. 入口 2　C. 入口 3　D. 入口 4

（3）水管

小猫咪的控水系统有7个入口和1个出口。水可以从入口水管沿着箭头流向出口。系统中还有两种开关。灰圈里的开关只在两条入口水管都有水的时候才打开，否则就会关闭。黑圈里的开关是一直打开的。开关开着的时候水才能流向下一条管道。

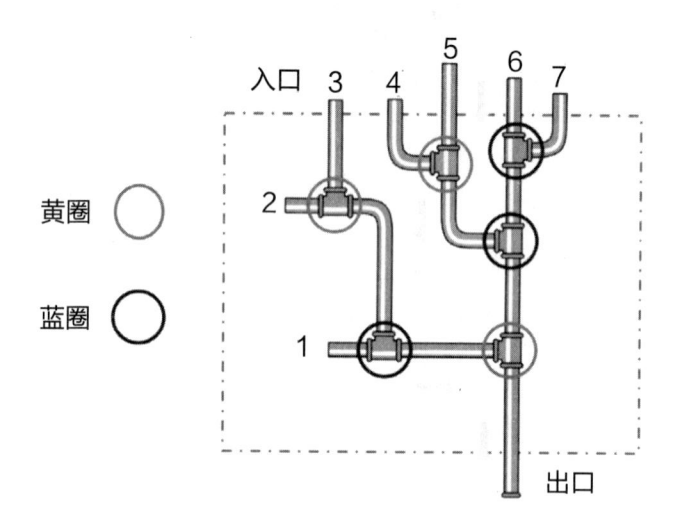

现在希望出口能够流出水，那么下面的几种注水方式，哪个能实现呢？

A. 2 3 7 入口有水，4 5 6 入口没有水

B. 2 3 5 入口有水，4 6 7 入口没有水

C. 2 4 5 入口有水，3 6 7 入口没有水

D. 3 6 7 入口有水，2 4 5 入口没有水

（4）小熊排队

小朋友喜欢帮玩具小熊排队，把数字小的小熊放在左边，数字大

的小熊放在右边。①小朋友一次只能拿起来一只小熊。②可以把拿起来的小熊放在任意位置。比如下面有 3 只小熊，小朋友只用拿一次就能给小熊们排好队。

下面有 7 只小熊，小朋友最少要拿几次，就能给所有的小熊排好队呢？

A. 3 次　　　B. 4 次　　　C. 5 次　　　D. 6 次

（5）数字小程序

有小程序可以对任意数字执行下面三种语句：

①把原数字中的 1 替换成 11

②把原数字中的 2 替换成 3

③在原数字的任意一个位置插入 3

这三种语句的使用顺序和次数都是随机的。比如输入 121，小程序可能会输出 1121、11311、13133333 等多种结果。

如果给小程序输入 12344321，下面哪一种结果是绝对不可能得到的？

A. 1133334433131　　　　B. 1123433343211

C. 1123344332431　　　　D. 3131334433131

（6）握手

比赛开始前，男生队和女生队需要面对面握手。两队各排成一排，走过另一个队。他们每遇到一个对手，就握一次手，每次握手时间大约1秒钟。开始只有每个队的第一个队员握手。接下来，前两名队员同时握手（如下图）。这一直持续到每名队员和每名对手都握过一次手。每个队有15名队员。当两队最后一个队员握完手，一共用时多少秒？

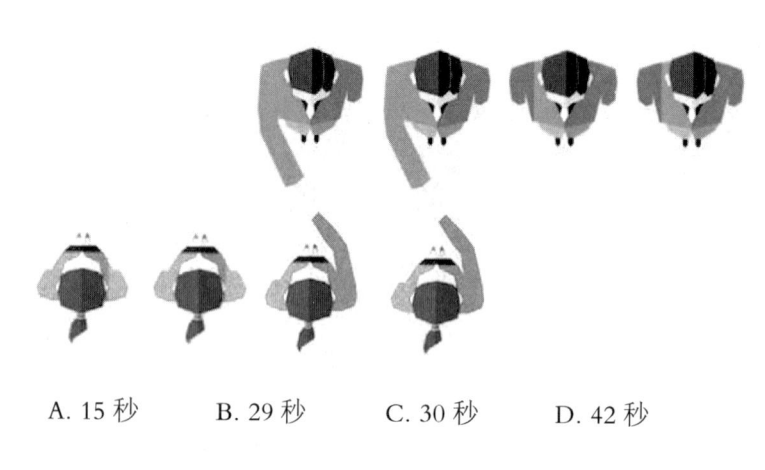

A. 15 秒　　B. 29 秒　　C. 30 秒　　D. 42 秒

（7）滑雪排队

下图显示7位滑雪运动员第0分钟的队形。每过一分钟，领头的滑雪运动员就要换到队尾来节约体力，其他运动员会依次前移一位。第九分钟时，哪位滑雪运动员会领先呢？

A. S　　　B. T　　　C. U　　　D. V

(8) 三控开关

楼梯间常用双控开关来控制灯泡，按下其中任意一个开关就能控制灯的亮灭。原理图如下：两个开关都可以拨上或者拨下，只要从电源到灯泡之间有一条不间断的连线，那么灯泡就会被点亮。三控开关在此基础上有所改进，能用三个开关控制同一个灯泡，图中画出了部分连接图，开关3只有两种状态：拨通E、G或拨通F、H。开关2与开关3之间的连线是怎样的？

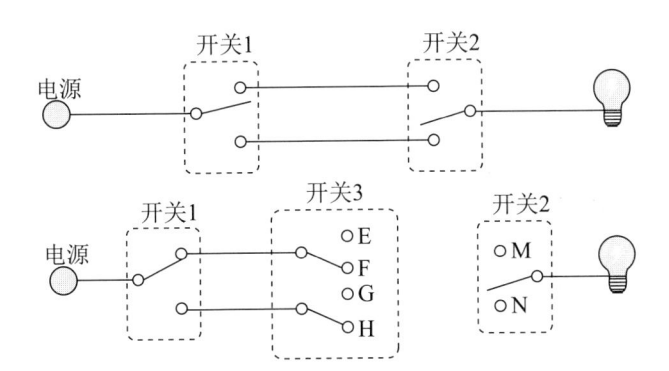

A. E、F接M，G、H接N

B. E、G、H接M，F接N

C. G接M，E、F、H接N

D. E、H接M，F、G接N

（9）红黄蓝涂色

小猫咪正在用红黄蓝三种颜色给这幅画涂色，每个六边形只能涂一种颜色，相同颜色的六边形不能相邻。请问"？"处应该涂上什么颜色？

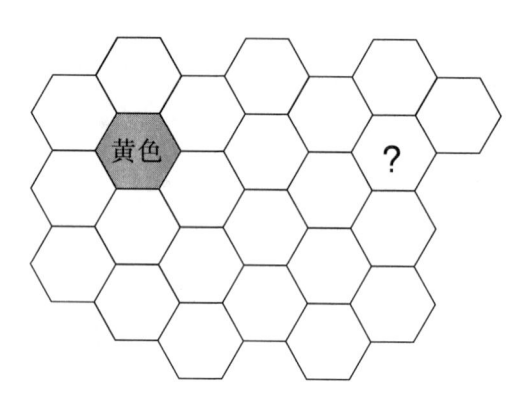

A.红色　　B.黄色　　C.蓝色　　D.有多种可能

（10）三角形的秘密

如下图所示，三个基本单元可以合成一个新的图形，这个过程称为一次循环。若将新的图形当作基本单元，可以无限循环下去。第一次循环后，图形里共有 5 个三角形。那么，

第四次循环结束后，共有多少个三角形？

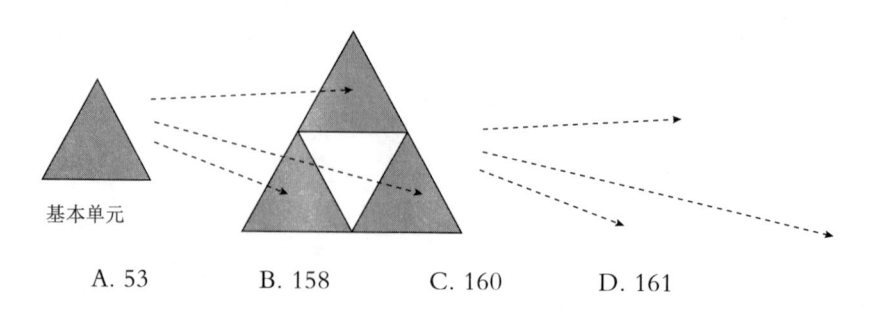

A. 53　　B. 158　　C. 160　　D. 161

(11) 安全的蜂巢

小蜜蜂家有 8 只蜜蜂，每只蜜蜂住在一个六边形的房间里，房间与房间之间必须至少有一条边相邻，这样一整个家庭的蜂巢是相连的。并且为了安全起见，即使有一个房间被完全毁坏，整个家庭的其他房间也依然是相连的。那么，哪一片蜂巢可能是小蜜蜂家的呢？

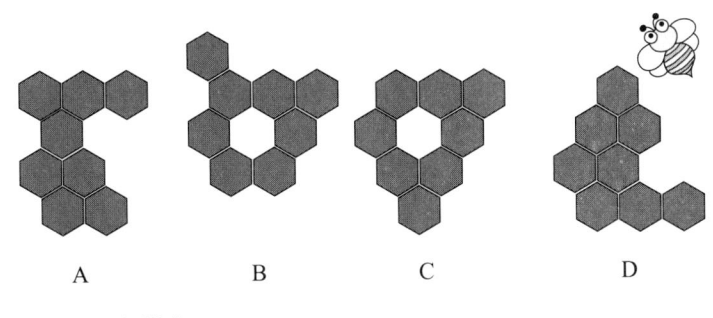

A　　　　B　　　　C　　　　D

(12) 三色棋盘

小猫咪有两块魔法棋盘，上面有由浅至深的三种颜色。这两块棋盘叠放在一起后，格子会按某一种规律变成右边新棋盘的样子。

那么，下面这两块棋盘也按这个规律叠放以后，会变成什么样子呢？

A B C D

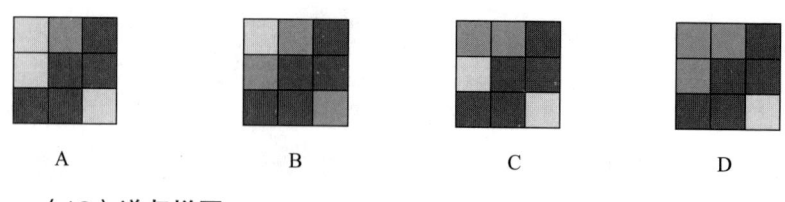

（13）递归拼图

如果把下面的拼图1、2、3按照图①的方法拼在一起，可以拼成一只漂亮的小白猫，小白猫的大小是 10m×10m。

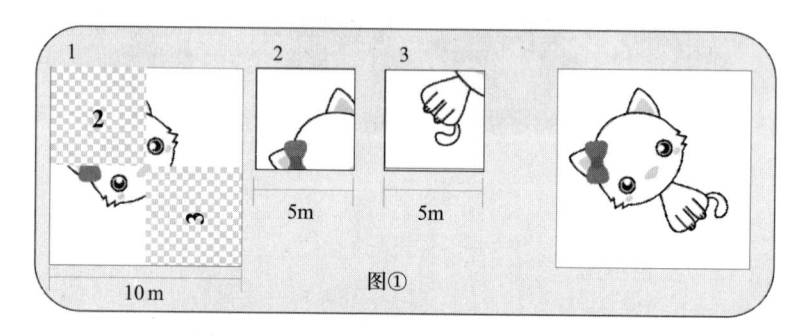

图①

小花有一种可以调用自己的递归拼图1。按照图②中的方法，只用递归拼图1就能拼出复杂又漂亮的图案。拼图1是 0.5m×0.5m 时才会停止调用，变成纯白色。

如果下面每幅拼图的大小 16m×16m，那么哪一个选项能用递归拼图拼出来呢？

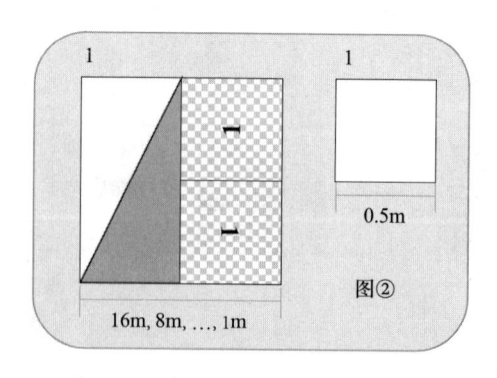

图②

16m, 8m, …, 1m

0.5m

114 / 成为最强大脑

A	B	C	D

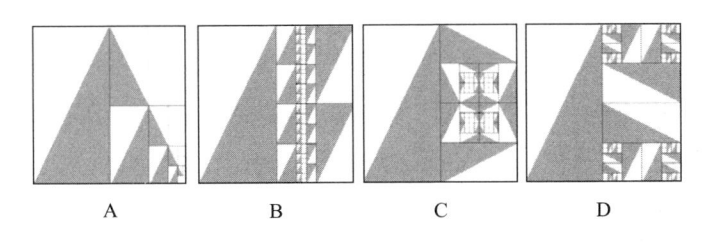

（14）找到小猫

图中每一个格子代表一个房间，白色的格子代表这个房间亮灯，灰色格子代表这个房间关灯。一只小猫只喜欢待在亮灯的房间中，房间关灯后小猫会瞬移到另一个亮灯的房间。不同房间之间可以连通。如果你想找到这只小猫，每关掉一个房间的灯，还亮着灯的房间中，就会有一半的房间将灯关闭。以此类推，直到只剩一间亮灯的房间为止。为了找到这只小猫，至少需要关掉多少盏灯呢？

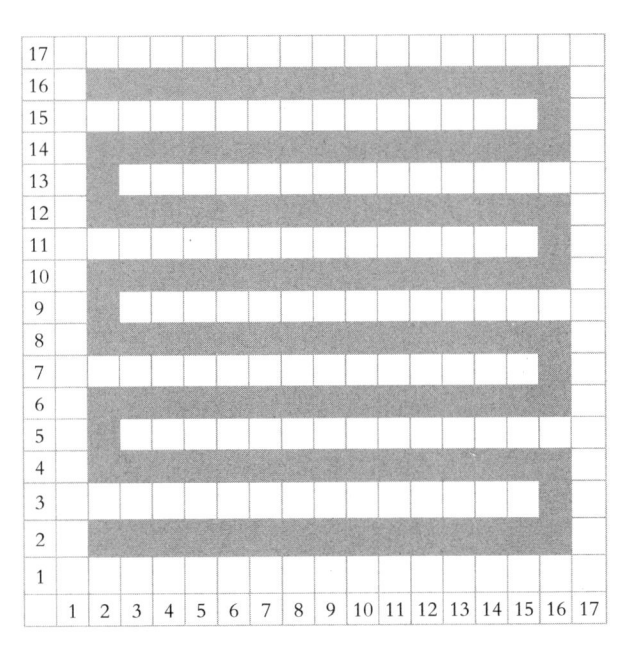

A. 8　　　　B. 7　　　　C. 6　　　　D. 5

(15) 国王的酒窖

国王的储藏室里收藏了 1000 瓶上好的红酒，这是他为 1000 位客人精心准备的礼物。

据可靠线报，有人给其中的一瓶红酒下了毒。这种毒是慢性毒药，哪怕只沾到一滴毒酒也会在 20 小时后立即死亡。距离送出红酒还有 23 小时的时间，国王可不想让任何一位客人喝到那瓶有毒的红酒。

国王的近身侍卫出了一个主意，可以用牢房里的死囚来检验毒酒。那么问题来了，最少需要多少名死囚才能一定检验出这一瓶毒酒呢？

A. 10　　　B. 100　　　C. 250　　　D. 25

4 答案

题号	答案
1	C
2	B
3	A
4	B
5	C
6	B
7	B
8	D

题号	答案
9	B
10	D
11	C
12	A
13	D
14	C
15	A

我的总分：_____

5　得分解读

下图是 2019 年三百余名中小学生最强大脑挑战者的得分分布，可以在下图中找到自己在挑战者中的排位。如果你也恰好处在这个年龄段，下图中的排名还能够帮助你了解自己在这个年龄段的观察力发展水平。计算思维对知识和经验有一定的要求，因此接触过编程、机器人等计算机课程的挑战者会有一定的优势。

图中的横坐标是"得分"，纵坐标是"超过的人数比例"，请你找到自己的得分在线条上对应的点，再看这个点对应的纵坐标位置，就能得出自己超过多少挑战者了。超过的人数比例越高，计算思维在挑战者中的越突出。例如：如果得分为 10，找到横坐标 10 在曲线上对应的点，即 88 左右，说明得分为 10 在计算思维排位中超过了约 88% 的挑战者。

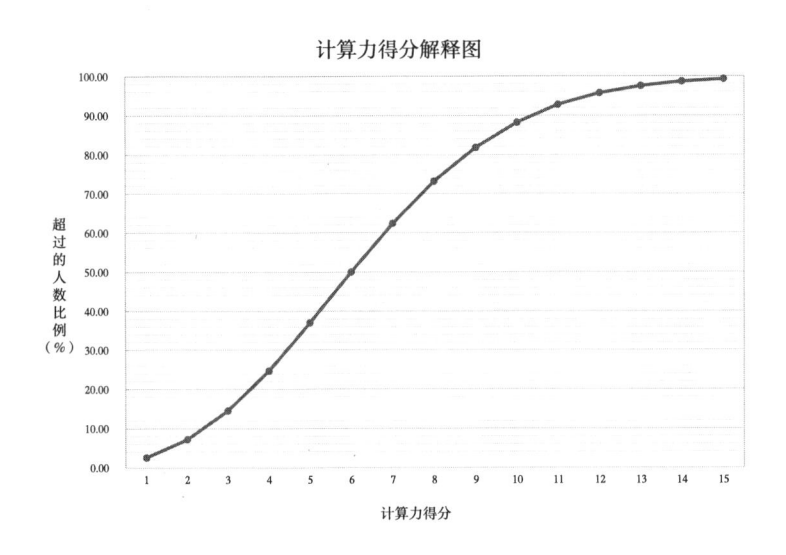

计算力得分解释图

下表为各年龄段的高分榜：

年龄段	最高分
8—10 岁	12
11—12 岁	13
13—15 岁	14
16—18 岁	15

"最强大脑"初/复试真题解析

记忆力测验

1　测验介绍

适用年龄：5 岁以上

本测评为记忆力测验的正式版本，用于"最强大脑"的初试。测验分为两个部分：第一部分为配对记忆，第二部分为配对回忆。在第一部分的配对记忆测验中，你会看到 54 对图形的配对，其中一个图形是生活中的常见物体，另一个是抽象图形（见例题），请对图形间的配对关系进行记忆。记忆时间为 5 分钟。

第一部分结束后，请自行活动半小时。你可以做任何事情，如做运动、做其他测验等。在第二部分的配对回忆测验中，将对你的记忆情况进行考察。题目中将给出图形配对中的常见物体，请从选项中选出与它配对的抽象图形，并选择对应的选项。如果碰到记忆模糊的题目，凭感觉来选择即可。

2　例题

第一部分：配对记忆

（间隔半小时）

第二部分：配对回忆

1　A　B　C　D

解题思路：

在第一部分的配对记忆中，将生活中的常见物体图形与规定的抽象图形配对,并努力记住;在第二部分的配对回忆中,根据先前的记忆选择与常见物体图形配对的抽象图形。

3 挑战

第一部分:配对记忆

请你对 54 对图形之间的配对关系进行记忆。记忆时间为 5 分钟,共两页。

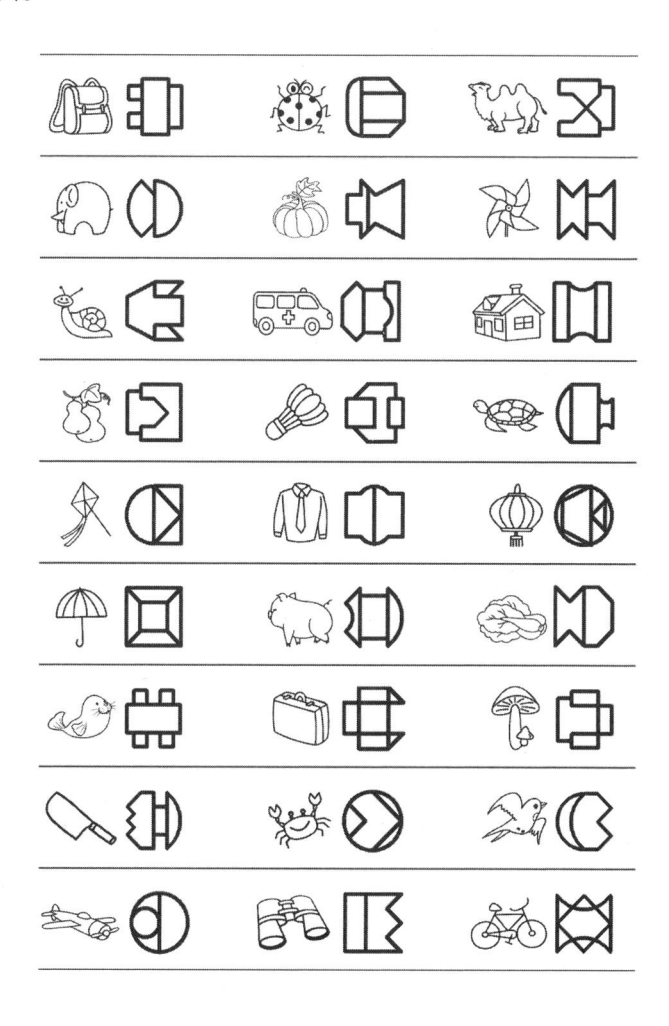

第一部分结束后,间隔半小时,可以自行活动。

第二部分：配对回忆

在第一部分的配对记忆中，你记忆了 54 对图形的配对关系，接下来将对你的记忆情况进行考察。题目中将给出图形配对中的常见物体，请从选项中选出与它配对的抽象图形，并在选择对应的选项。如果碰到记忆模糊的题目，凭感觉来选择即可。

124 / 成为最强大脑

#		A.	B.	C.	D.	E.
31.	椅子					
32.						
33.	小鸟					
34.	螃蟹					
35.	乒乓球拍					
36.	茄子					
37.	救护车					
38.	灯笼					
39.	蘑菇					
40.	菠萝					
41.	风筝					
42.	铅笔					
43.	望远镜					
44.	荷花					
45.	鱼					

46.		A.		B.		C.		D.		E.
47.		A.		B.		C.		D.		E.
48.		A.		B.		C.		D.		E.
49.		A.		B.		C.		D.		E.
50.		A.		B.		C.		D.		E.
51.		A.		B.		C.		D.		E.
52.		A.		B.		C.		D.		E.
53.		A.		B.		C.		D.		E.
54.		A.		B.		C.		D.		E.

4 答案

答对一题计 1 分，答错不扣分，总分为所有正确题目之和。

题号	答案
1	B
2	D
3	A
4	A
5	D
6	E
7	B
8	A
9	D
10	A
11	D
12	C
13	D
14	D
15	A
16	B
17	E
18	E
19	A
20	D
21	A
22	E
23	C
24	C
25	E
26	A
27	D

题号	答案
28	A
29	C
30	A
31	E
32	E
33	B
34	A
35	E
36	A
37	A
38	C
39	E
40	B
41	C
42	C
43	D
44	B
45	D
46	D
47	C
48	C
49	B
50	A
51	D
52	B
53	B
54	C

我的总分：_____

5　得分解读

记忆力是最强大脑挑战者们比较擅长的项目，全部回忆正确的挑战者占所有挑战者的 60.32%，错 1—2 题的挑战者占 20.63%，错 3 题以上的仅占 19.05%。记忆力有多种训练方法，掌握记忆技巧后，短时间内你也可以记住大量信息。

PART 3

/

成为最强大脑

大脑的可塑性与提升的关键期

心理学与脑科学的研究表明，从出生到死亡的整个一生中，人的大脑都具有通过学习而重组神经结构的能力，如形成更多新的神经元、胶质细胞和突触，以及加强现有神经元之间的连接等。所以，大量的练习和不断的努力不仅能让人在某一技能方面表现得更加出色，而且还可以带来大脑结构的变化。甚至短时间密集的知识学习（如针对某一门考试的为期3个月的紧密复习），就能使大脑相关区域的灰质（神经元细胞体所在地）得到显著的增厚。所谓"临阵磨枪，不快也光"是有科学依据的。

所以，智力并非像很多人认为的那样完全由基因决定，而是可以经过后天的学习进行培养和提升。只有相信努力比天赋更重要的人，才能勇于面对失败和挫折，才能有更强的心理弹性和抗挫力，才能够保持乐观，因为他们相信，失败和挫折其实只是新的成长机会。正如心理学家舍贝尔教授所说："任何在智力上具有挑战性的事情都有可能成为神经元树突生长的刺激，而树突的生长则意味着它可以增加大脑的'计算储备'。"所以，相信努力比天赋更重要的人会更注重学习过程而不是成绩，在失败时更容易坚持而不是放弃，在学习中享受乐趣而不是完成任务，最终不断成长并自我实现。

虽然大脑的可塑性会持续一生，但与智力有关的大脑功能区在儿童、青少年时期的可塑性是最高的。在这个高可塑性的推动下，人的智力大约在 25—30 岁达到巅峰，之后便开始下降。而上升最快的时期则是 K12（幼儿园 + 中小学）这段学前加基础教育的时期。这是因为在儿童、青少年时期，存在着一个非常关键的、重要的，但是又非常容易受到伤害的时期，即"关键期"。在关键期里，儿童、青少年的行为、技能、知识发展得最快，是智力成长的最佳期。在这个阶段，如施以正确的教育，则能收事半功倍的效果，但是，一旦错过此最佳期，则往往事倍功半，甚至徒劳无功，永远无法弥补。

最著名的一个例子是印度狼孩。1920 年，美国牧师辛格在印度发现了两个被狼从小抚养长大的"狼孩"，小的两岁，不久就死去了；大的约 8 岁，取名叫卡玛拉。在回到人群的第一年，卡玛拉不会说话，不会思考，没有情感，只会用四肢行走，昼伏夜行。到了第四年，也就是卡玛拉 12 岁的时候，她终于能摇摇晃晃地直立行走，吃饭时能说"饭"这个词了。这个时候，她的智力水平仅相当于 1 岁半的孩子。到了第七年，15 岁的卡玛拉，掌握了 45 个单词，也能用词汇表达简单的意思，能够唱简单的歌。但是，即使在她 17 岁因尿毒症去世的时候，她的智力也仅仅只达到了 3 岁半的水平。

类似的一个例子是"最强大脑"第一季里的数学天才，周玮。他小学没有毕业，但是他自己琢磨出来了大位数乘除，大位数开方乘方，最后站在了"最强大脑"国际赛的舞台上。但是，当节目组给周玮找了一个数学教授，来进一步发展他的数学能力时，周玮对于数列、矩阵运算等复杂一点的数学问题就一筹莫展了。这位数学教授非常遗憾地说："周玮现在已经 22 岁了，可惜了，他已经错过了数学发展的关键期了。"周玮的妈妈听见之后，沉默半晌，对着这位数学教授说了一句让我终生难忘的话，她说："如果你是周玮的父亲就好了"。

周玮的数学天分是不可置疑的，但是，他在数学发展的关键期里并没有得到合适的引导，浪费了他的数学天分，非常非常地可惜。从这个角度上讲，时机在某种程度上比努力更重要。同时，在儿童、青少年时期开发智力，孩子将受益终身。这是因为智力在一生中相对稳定，小时候聪明的人，到老了依然智慧，而不是古话里说的"小时了了，大未必佳"。

在这个阶段，因为孩子存在个体差异，不同的孩子有不同的发展轨迹——不同的孩子的同一种能力的关键期有可能会在不同的年龄出现。所以，一定要通过心理测量来捕捉孩子大脑发育的关键期，因材施教，让孩子在适合的时候学习适合的内容，既不要拔苗助长，也不要错过能力发展的关键期。

根据发展心理学奠基人皮亚杰创立的"发生认识论"，儿童、青少年的心理认知能力发展可以分为：**感知运动阶段**、**前运算阶段**、**具体运算阶段**和**形式运算阶段**等 4 个阶段。在不同的阶段，孩子的智力发展具有不同的特点，需要进行有针对性的认知训练和能力提升。

0—3岁脑力开发：感知训练

当孩子处于0—3岁时，他的心理与认知能力处于儿童心理学家皮亚杰所描述的感知运动阶段和前运算阶段的早期。在这个阶段，孩子逐渐形成了客体永存的意识，即当一个客体（如爸爸、妈妈、玩具等）不在眼前时，他们能认识到，尽管这个客体当前摸不着、看不见也听不到，但仍然是存在的——爸爸、妈妈离开了，但是孩子还是相信他们会回来；被藏起来的玩具也没有消失，只是需要翻开毡子、打开抽屉就能找到它们。同时，孩子的时间和空间的感知也达到一定水平——孩子知道要通过空间定位来寻找物体，而这种定位总是遵循一定的时间顺序而发生，所以孩子又同时建构了时间的连续性。

所以，对于0—3岁的孩子，对感知系统的训练，特别是对外部世界信息主要来源的视觉的训练是最为重要的——这也就是"最强大脑"里六维能力中的观察力。在婴幼儿时期甚至儿童期，孩子对外部世界的观察比较粗枝大叶，还没有学会细致用心地观察周围的事物。这里所说的用"心"观察，是指带着情感去观察，看到身边事物的"美"和"与众不同"。

这里我们以观察一片叶子为例来讲解如何用心观察。在室外的时候，父母可以和孩子一起去寻找一片自己认为最美的叶子。然后再把两片叶子放在一个开阔的平台上，和孩子一起安静地、专注地观察它们。这时候，需要父母去引导孩子去比较两片叶子的形状、颜色、大小、叶脉的走向，等等——每一处都是自然的呈现，美的呈现。为了增强趣味性，父母也可以先挑选几片叶子，和孩子做一场比赛，看谁能根据最明显的和最不明显的特征把它们区分开来。

在这个训练观察力的过程中，并不一定要选择树叶，可以从孩子感兴趣或者喜欢的物品开始。

当然，仅仅观察是不够的，更多的是要带着情感去观察。所谓审美，是先觉知后赞美，是理性与感性的交融。只有在"审"的过程有了情感的渗入，才会有"美"的呈现和发掘。所以，在观察完叶子之后，还需要去用心地赞美它，比如，"它的颜色好美，我用水彩都调不出来""它的叶脉向上延伸，整齐舒展，真好看！""它的边缘还有锯齿的形状，像燃烧的火焰！"，等等。在这个过程中，让孩子展开想象的翅膀，用生动而又丰富的词语，对具象的观察进行拓展延伸，进行升华。

除了视觉这个感觉通道之外，还应该鼓励孩子充分使用其他感觉通道，如嗅觉、触觉来感知这个世界——用手去触摸树皮，伸开双臂去拥抱树干，用鼻子去闻果实的气味，等等。

最后一步是升华美。训练孩子将美和生命联系起来，从智商的训练延展到对情商等非智力因素的训练。例如，在观察和赞美完叶子之后，可以和孩子讨论一下树叶的生命轮回——从和煦的春风中发出嫩芽，在盛夏的阳光下舞蹈，到秋天变黄飘落，以及在冬天静谧等待。从叶子的生命历程，到无限生机的世界，观察这片小小的叶子对于孩子，就不仅仅是观察力的提升，更是对其情感的培养。

总结一下，处于感知运动阶段和前运算阶段早期的0—3岁的儿童可以通过"观察美""表达美"和"升华美"三个步骤来提升观察力，从而打开他们观察世界的窗口。

3—6 岁脑力开发：空间力、记忆力和计算力

当孩子处于 3—6 岁时，他的心理与认知能力处于儿童心理学家皮亚杰所描述的前运算阶段。孩子在这个阶段最明显的特征是言语的发展——他们从简单的字词言语发展到说出完整的句子。在这个言语能力快速发展的背后，是孩子在逐渐形成符号化的表征图式。具体而言，孩子通过语言、模仿、想象、符号游戏和符号绘画来将 0—3 岁感知运动阶段所形成的客体永存的意识进一步巩固，同时频繁地借助表象符号（语言符号与象征符号）来代替外界事物，在大脑里重现外部活动。通过符号化的表征图式，孩子开始从具体动作中摆脱出来，通过内化从而在头脑里进行"表象性思维"——所以这一阶段也称为表象思维阶段。内化并不是把事物和动作简单地全部接受下来而形成一个副本，相反，内化是把感知运动所经历的东西在自己大脑中再建构，舍弃无关的细节而形成表象。所以，内化的动作是思想上的动作而不是具体的躯体动作。正是通过这个内化，孩子开始从对物理世界的观察向构建自己心理世界转变。从这个意义上讲，内化的形成是儿童智力的关键步骤。

所以，在这个阶段需要对孩子的符号系统进行训练。语言是最好的符号系统，但是语言所构成的符号系统比较复杂和抽象，而处在这个阶段的孩子的知识获取在很大程度上仍然取决于自身的感知系统，还很难从抽象的概念开始学习，因此，较难从语言的角度对这个阶段

的孩子的符号系统进行系统的训练。而数字和空间则是比较简单而且非常规范化的符号系统，因此在孩子3—6岁时对其进行计算力和空间力的训练，则会对于智力开发起到事半功倍的作用。

同时，将外部的物体和动作内化成大脑里的表象，需要记忆才能编码和重现，因此在孩子3—6岁时，也要开始对其记忆力进行训练。下面，将分别从空间力、记忆力和计算力三个方面来简要介绍一下如何根据3—6岁孩子的心智水平训练这三方面的能力。

1 空间力（小尺度空间力）

空间力是通过对线条、形状、结构、物体间的空间关系的感知，并在大脑里重现外部世界，从而可以在大脑中完成更复杂的操作。例如，运用想象对物体和环境进行改造甚至创造。所以，空间力一直是智力测验中的一个重要组成部分。在学业方面，空间力不仅仅是学好几何的关键，更重要的是，它直接关系孩子在理工科领域（STEM）上的成就。美国的顶尖大学，比如麻省理工学院（MIT）就非常关注学生的这项能力。在知识经济时代，具有STEM素养的人才是国家竞争力的关键，是科学和技术发展的基石。

遗憾的是，幼儿园和小学里很少有科目直接针对空间力进行训练，因此，孩子的空间力需要在现实生活中与物理空间的直接互动来积累经验，获得提升。在与空间互动的层面上，空间力可以分为两类：一类是小尺度的空间力，另一类是大尺度的空间力。3—6岁儿童主要需要发展小尺度空间力，而大尺度空间力主要在6—15岁阶段进行训练和提升。

小尺度的空间力，顾名思义，是对"小"的物体，如魔方、模型、立体几何图形等进行加工。它的一个特点是可操作。例如，在把一堆玩具放入收纳盒时，我们可以在大脑中先对玩具进行空间旋转以找到最佳的放置方式，从而把更多的玩具放入收纳盒有限的空间中。

提升空间力的关键是要在孩子的大脑中建立起空间的概念，最终形成准确的几何模型，即皮亚杰所说的符号化的表征图式。在这里我介绍一个实用并且有趣的方法来提升空间力——用手机拍照在头脑中建立起立体三维和平面二维的对应关系。首先，可以用手机的全景拍摄来帮助孩子形成空间概念。具体而言，先找一个孩子感兴趣的物体，同时这个物体的每个面都要有不同特点，比如一个搭好的乐高场景。然后让孩子像摄影师一样，拿着手机对乐高建筑进行拍照。需要注意的是，一定要让孩子从不同的角度来拍摄，比如从高处往下拍，从底部往上拍；比如找到一个角度尽可能多地展示乐高建筑中的人物，或者找一个角度尽量看不到乐高建筑中的车辆等。其实在找角度的这个过程中，就是让孩子在现实中探索和操作这个立体的物体，从而帮助孩子在大脑中准备对物体进行空间想象和空间旋转的一手资料。换而言之，通过拍照的这个过程，孩子会慢慢地学习到：像乐高场景这样的一个立体的造型，是由很多个面、边和点组成的，所以从不同的角度看立体的乐高场景，就会在照片这个二维的平面上呈现出不同的样子。通过对比，孩子就会渐渐地在头脑中形成空间的概念。

为了让孩子更好地理解和想象空间，就需要让孩子学会用空间术语来描述空间。例如，在拍好照片后，要鼓励孩子使用与空间相关的词汇来描述是如何拍的这些照片："这张照片是我从乐高的顶面拍到的"，"我正对着城堡的侧面拍的，墙右侧突出的一小块是正门上方的阳台"。类似这样的句子就非常好，因为它们包含了"顶面""侧面""右侧""上方"这样的空间术语。换而言之,通过这样的表述练习,孩子就能越来越清晰地描述他所拍摄的照片,从而明白构成一个空间所需要的基本要素,于是逐渐在头脑中形成了初步的空间构造。

如果孩子的描述中没有或者较少出现相关空间术语,那么就需要家长主动引导孩子去使用与空间相关的词汇。例如,可以这样问孩子:"这张照片你是从哪个方向拍的?""这个窗子的左边是什么?""这扇门的对面是什么?"等等。在这样的引导下,就可以把空间术语引入孩子的表达中,从而把空间概念引入了孩子的思维里。心理学的研究表明,有了语言的帮助,孩子能够更准确地感知物体的空间方位和空间结构,从而在头脑中准确地构建出物体的三维形状。

当孩子对空间的要素和结构有了一定的了解之后,孩子就可以自己制作一些三维物体了。简而言之,就是要把平面二维的几何图形变成现实中的三维立体形状。需要的材料很简单,就是柔韧性好一点的细铁丝就可以了。可以从简单的立方体、长方体开始,再到棱锥、棱台、多面体等复杂图形。在制作时,孩子会根据二维的图纸,思考每条边的长度和位置关系,最终想象出立体的图形。制作完成后,让孩子拍一张和图纸角度一样的照片收藏起来,这样就可以强化手工制作出来的三维的立体图形和二维的图纸之间的直接联系。进一步,还可以让孩子用同一种颜色的铁丝制作长度相同的边,或者根据物体在图纸中的角度,用不同的颜色标注可以直接看到的边和无法直接看到的边。

总结一下,在现实生活中,可以分三个步骤来提高孩子的空间力。第一,全景拍摄,这让孩子从多角度来观察一个三维物体,为他们的空间想象积累一手经验;第二,你讲我听,让孩子用空间术语来准确描述头脑中的空间结构；第三，模型展厅，让二维图纸变成三维模型，生成真实的三维物体。

2　记忆力

记忆代表着一个人对过去活动、感受、经验的印象累积。如果人没有了记忆，就不能分辨和识别周围的事物，就不能解决复杂问题，甚至也没有了自我。

在清人王有光的《吴下谚联》中有一段关于喝了"孟婆汤"失去记忆的形象描述：

"凡人遇死，先经得孟婆的庄子。……远望个老婆婆在那庄子门口招呼着来客，随步上梯格，进得那里面，都是那画栋雕梁、石砌朱栏。屋内，摆设得更是精致，珠玉的帘子，玉雕的大桌。

待来人入屋，便叫得三个女子出来，分是那孟姜、孟庸与孟戈。都着着个红裙绿袖，生得个如花似玉，姝人模样。更轻唤着郎君，还拂净那席子座位，要人坐下。

来人但一坐下，丫鬟便递杯茶水。正对着三个姝人环伺，皆纤纤的玉指奉茶。风竟吹来，玉环叮叮地作响，奇香阵阵地袭人，此情此景，实难再把那杯水来拒。便就慢接，骤觉得那目眩神驰，不禁得呃来一口，更难道那清凉滋味，赛得那琼水玉液，不禁得酣然畅饮。方尽那杯水淡茶，忽见得这沉底浊泥，待抬眼，貌美的佳人、老态的婆婆皆幻成那骷髅白骨，僵立堂前。

再去庄外张看，前时的画栋雕梁，都把那朽木变。活似得郊荒野外，并把这浮生忘。遇得慌惊，忽然得啼声堕地，换一个婴孩闹。"

所以，前生今世，中间就只差了一个记忆。

因为我国目前的考试模式是基于学科知识的考试，而不是基于学科能力的考试，所以，相对于其他能力而言，记忆力与考试成绩有着最直接的关系。这一点在小学和初中阶段尤其明显。所以，提升孩子的记忆力，不仅有助于孩子借助过去的直接或间接经验解决复杂问题，而且对于在未来的学习过程中获得好成绩也十分重要。下面，将简要介绍如何提升记忆力。

儿童的一个特点就是丢三落四，经常忘事。除了他们的记忆力还没有发育成熟之外，一个主要的原因就是他们还不会"集中注意来记忆"，即"主动记忆"。如果仔细对比一下孩子记得住的和记不住的内容，就容易发现那些记得住的通常是生动有趣的事情，比如动画片的情节、好吃的东西、好玩的事，而记不住的，通常是那些枯燥的字词或者乘法口诀。所以，要提高孩子的记忆力，就要让孩子学会主动记忆。

例如，在购物的时候，可以和孩子说："我们今天在商场购物，给我买了一件衣服，给你买了最爱吃的开心果，给你爸爸买了双皮鞋。等爸爸下班回来之后，你告诉爸爸买了些什么东西，好不好？"这个约定，其实就是给孩子布置一个小小的记忆任务，让孩子主动地去记住一些简单的信息，并且明确告诉他过一段时间之后，需要回忆这些信息。这样，孩子的记忆就有了目的性，孩子就会集中注意、主动地记忆这三件物品了。类似的记忆小游戏在日常生活中比比皆是，又如，给孩子讲故事之前，给孩子说："你等一下把这个故事也给爸爸讲一遍，好不好？"通过这样的记忆小游戏，日积月累，孩子就能从被动地记忆有趣的事，过渡到能主动记忆自己需要的信息，逐渐掌握主动记忆的方法并主动运用。

因为记忆是一个非常烧脑的认知加工过程，因此在做这个记忆小游戏的时候，一定要难度适中，循序渐进，这样孩子才能保持对记忆小游戏的兴趣，防止产生挫败感。此外，当孩子的记忆力有提升之后，在增加记忆难度时，要记住：质比量更重要。例如，在刚才购物的例子中，如果孩子能够轻松记住三个物品的名字，与其增加需要记忆物品的数量（如由记忆3个物品变成记忆5个物品），不如增加记忆物品的复杂度（如除了记忆物品名字之外，还记忆这些物品的功能和用途等）。这是因为，提升记忆的复杂度有助于提升孩子大脑的综合能力。

除了上面提到的提升记忆复杂度的方法之外，更好的方法是对细节的记忆。例如，以上面复述故事的记忆任务为例：开始的时候，可以只讲一个简单的故事，然后让孩子用简单的几句话复述一下故事的大致情节；逐渐地，故事可以逐渐变长，情节也逐渐变得更加丰富。这个时候，就可以让孩子用更加复杂的、更多的句子来复述他听到的故事。这样的训练，不仅有助于提升孩子的主动记忆能力，而且还锻炼了孩子的语言表达能力。

最后，除了循序渐进增加孩子记忆的量和记忆的复杂度之外，还可以通过延长记忆和回忆之间的时间间隔来训练记忆力。这是因为时间隔得越久，记忆就会越模糊；所以，延长记忆和回忆之间的时间间隔，孩子就会主动地寻找适合他的巩固记忆的方法，从而来保证让他的记忆更加牢固，更加持久。例如，还是以上述的复述故事为例：刚开始的时候，在给孩子讲完故事之后，让他立刻给在隔壁屋的爸爸再讲一遍；之后，可以和孩子这么约定："我们周末要去奶奶家，你到时候给奶奶讲讲这个故事，好不好？"

在大自然里，时间会给物理世界留下改变的痕迹。从这个广义的角度上讲，这也是记忆。同样的，狭义的记忆，也就是我们人类的记忆的工作机制亦是如此。外部世界的事件会在我们内部的世界里留下印记。一方面，需要提升孩子的记忆力，让他们有能力去选择性地把某些记忆痕迹加深，把一些记忆痕迹抹去；在另一方面，不要过多地在意记忆与考试成绩的关系，因为相对于知识而言，创造力、推理力等能力更为重要，更是未来人才的关键素养。所以，没有必要去专门学习记忆术来增强对知识的记忆。更重要的是，在互联网时代，绝大多数知识都在云端，即可以在互联网上检索到，因此记忆力的高低与我们在学业与事业上是否成功的关系也变得越来越小，越来越间接。因此，把更多的时间和精力用于其他五个维度的能力提升上，更为有效。

3 计算力

计算不仅是数学的基础技能，而且是整个自然科学的工具。天文学家需要计算来分析星球轨迹、脉冲，理解宇宙的演化；生物学家需要计算来模拟蛋白质的折叠过程，发现基因组的奥秘；经济学家需要计算在几万种关联因素下国家的发展方向和调控方式；企业家需要计算来配给材料、能源、加工时间等以达到最佳效率。

但是，计算力并不简单地等于计算。计算力是一种思维方式——除了上面提到的狭义的计算之外，它还包括数量感、时间感、空间感（这部分与空间力有重叠，一般放在空间力里）、分类、集合、对应、排序、抽象（这部分与推理力有重叠，一般放在推理力里）、问题解决等十大思维成分。所以，对孩子计算力的培养，不能简单地教加减乘除，而是要全面地培养孩子的十大计算思维。这里，仅以适合3—6岁计算力水平的分类为例，来简要介绍一下如何提升孩子的计算力。

计算力的核心，就是寻找特征的关系。而作为计算力核心的分类，就是要对特征进行识别，提取共性，分辨差异性，然后进行组合。例如：一个蓝色三角形、一个红色圆形和一个红色三角形就有两个特征：形状和颜色。因此，既可以按照形状（三角形、圆形）也可以按照颜色（红色、蓝色）来进行分类。在对这个年龄段的孩子进行分类训练时，可以先单一分类以形成概念，然后再进行多元分类；先对具象的特征（如颜色）进行分类，然后再对抽象的特征（如功能）进行分类。

在开始的时候，可以在一堆相同的东西中，放置一个不同的物品，例如：在一堆书籍中，放置一辆玩具小车，然后让孩子拿出不一样的东西。当孩子正确地拿出玩具小车后，还要引导孩子说出为什么要拿出这个东西，从而帮助孩子建立"异""同"的概念。在这基础之上，可以逐步提高难度。例如，在一堆苹果中放一个橙子，在一堆一元硬币中，放一个一角硬币，从而让孩子在单一维度上区分细微的差别，让孩子意识到大的相同中（如水果）也有小的不同（苹果、橙子），以此对概念进行精细化辨别。

在帮助孩子提升对特征辨别的同时，还可以训练孩子寻找不同物体的共同特征。例如，先在白纸上涂上红、蓝、绿等几种颜色，然后拿出相同颜色的彩色笔，让孩子把笔放在一样的颜色下面来进行配对。在此具象特征的基础之上，可以逐渐让孩子基于抽象的概念来分类。例如，让孩子收拾玩具等物品时，可以让他把玩具、书等物品分类放好。在这里，孩子就需要逐渐形成"书"和"玩具"这两个相对抽象的概念，并逐渐向计算力中的更高级的集合思维和对应思维发展。

总结一下，在这个阶段，通过对小尺度空间力、记忆力和计算力的训练，让孩子从感知运动阶段快速地进阶到前运算阶段，最终为下一阶段的具体运算和形式运算打下坚实的基础。

6—15岁脑力开发：空间力、推理力和创造力

0—3岁婴儿的智力发展的核心在于感觉和运动模式的建立，它是儿童以探索外部环境和达到特定目的为前提的。3—6岁的儿童发展出多种表征技能，所以能够通过思考、想象和言语来解决问题、改造环境，从而摆脱了对当前物理环境的完全依赖。在大约6到7岁的时候，儿童会发展出一种新的思维模式，它被儿童心理学家皮亚杰称为具体运算思维。处在这个阶段的儿童，开始对物理世界的逻辑性、规则和预见性有了更清晰的认识，能够从一个概念的各种具体变化中抓住实质或本质。同时，他们还会把这些原理拓展到社会领域，去解决人际关系问题（如友谊、比赛）和安排个人生活（如自尊、自信）等。甚至儿童可以比较两种对立的理论，从自己和他人的立场考虑问题，并能利用这些信息制定达到目标的策略。所以，这个阶段儿童开始表现出清楚的逻辑性，是训练推理力的黄金时期。在本小节，我将简要介绍如何提升孩子的推理力。

但是，处于具体运算阶段的儿童的思维通常集中于相关事物间的关系（如树和草之间的关系），而不是任意两种或多种事物之间的关系（如树与细菌、昆虫、哺乳动物之间的关系）。同时，他们还难以理解假设和命题。同时，在他们把物理世界的规则应用到个人和社会领域时，由于社会情境的复杂多变，他们也时常受挫。而要克服这些思维上的缺陷，就得等到皮亚杰所说的第四个阶段：形式运算阶段。

12—15岁的青少年就处于这个阶段。在这个阶段的青少年可以在大脑中将形式和内容分开,可以离开具体事物根据假设来进行逻辑推演。首先,青少年能够将一个复杂的问题拆解成相对的独立的成分,从而找到合适的解决方案。例如,在做旅行计划时,他们可以同时考虑到速度、距离和时间之间的关系。第二,他们开始形成动态的世界观,能够考虑到事情的发展和变化。例如,他们能够意识到自己和一些朋友的友谊也许不会保持很久。第三,他们能够对可能发生的事件进行逻辑性的假设。例如,他们能够依照他们平时的学业表现及能力来判断他们应该读什么样的大学专业以及大学毕业后应从事什么样的工作。第四,他们有能力查明事物的内部一致性或逻辑联系,并通过寻找支持或反对意见来验证事物的真实性,并开始接纳"真理的背面依旧是真理"这样的冲突表述。最后,他们开始知道他人和社会对自己的期望是什么,同时也能认识到在另一种家庭、社区和社会文化背景下,可能对相同的行为有不同的社会规范要求。因此,这个时期的青少年总是有意识地表现出某种行为或者态度,以便使自己在所处的社会文化背景下被其他人所接纳。

在形式运算阶段,也是青少年学习各学科知识的最佳时期之一。科学、数学和语言可以帮助青少年建立与世界的逻辑纽带,并帮助他们形成假设检验的思维模式;而美术和人类学则帮助他们形成世界观以及丰富他们的心理表征——根据加德纳的多元智力模型——视觉艺术可以培养青少年的创造力。

但是,单纯孤立地获取知识无法推动青少年的思维发展;只有深入并持续地解决实际问题,并将思维的训练融入到学科知识的学习之中,才能达到知识输出的目的。所以,青少年必须有意识地培养批判性思维,并将之与创造力结合,形成"善谋"(创造力)和"善断"(批判力/审辩力)。

在形式运算阶段，青少年的行为会表现出更多的可能性。虽然他们还没有成长为一位真正的科学家或哲学家，但是他们不断试图产生具有创新性的推论并将其应用于当前所面临的挑战之中，并在假设验证的问题解决过程中，学会更加客观地看待问题，认知自己。所以，这个阶段是培养创造力的关键期。

最后，在6—15岁这个时期，孩子的活动半径急剧扩大，从家庭开始拓展到学校和社会。这个时候，他们的空间力也开始从小尺度向大尺度发展，开始确定自己在外部环境中的位置和方向，从而拥有探索世界的能力。这里，也将简要介绍如何提升大尺度空间力的办法。

1 空间力（大尺度空间力）

与小尺度空间力（详见3—6岁脑力开发）相对应的是大尺度空间力。例如，在第四季"最强大脑"中有个叫做"一眼辨山"的挑战项目。该项目要求选手通过等高线图还原庐山的全貌，即从一张庐山的局部实景图找到对应的等高线位置。这个挑战项目考察的核心能力就是选手的方向感。空间方向感强的人，在生活中最直接的受益就是不会迷路，而在工作上它是飞行员、建筑师、工程师等众多职业的必备能力。

空间方向感因为具有极其重要的生存价值，因此具有跨物种的一致性，从蚂蚁到鸡到猫到狗都有空间方向感。这表明空间方向感受到遗传的影响。但在另外一方面，它也存在着很大的可塑性，可以通过后天的训练来提升。一个最简易同时最有效的方法，就是通过绘制头脑地图来提升孩子的大尺度的空间力。

绘制头脑地图的前提是建立一个绝对坐标系。通常形容一个人迷糊了，我们说他找不着北了。能找到北，自然就有了方向感。这是因为我们在自然环境中行走，周围的事物也会随之变化，即这些事物与我们的空间关系也会随着我们的移动而发生改变。但是，唯一不变的是"东、南、西、北"这四个方向；同时，只要确定了北所在的方向，就可以清楚地判定其他三个方位了。与此相对照的是"上、下、左、右"这样的相对坐标系。"上、下、左、右"非常自然，但是远不如"东、南、西、北"在定位上精确。这是因为"上、下、左、右"是以个体为中心来描述自然环境，因此必然随人的位置变化而发生改变——书在左边，转身后，书就在右边了。但是以"东、南、西、北"的绝对坐标系来描述我们与书的空间关系，那么书的方位则是非常稳定的了——无论我们如何移动，书都在北方。像这种以固定方位"东、南、西、北"来构造的绝对坐标系，就是绘制头脑地图的前提基础。

除了指南针可以帮助孩子找到北，在自然环境中太阳的位置、树冠的走向、树的年轮、冰雪融化的程度等各种信息都可以帮助孩子找到北——在夜晚，北极星、猎户座都可以为寻找北提供线索；在城市中，天安门、东方明珠这样的地标建筑也可以作为定位北的线索。在日常生活中，可以跟孩子玩找北的互动游戏：看看谁的找北能力更强。因为北的方向是不变的，所以孩子的方向感也会在此基础上慢慢地建立起来。

在建立了绝对坐标系之后，就可以进一步通过路标连线来完善头脑地图。所谓路标连线——就像是向棋盘里面添加棋子一样——是在建立好的坐标中添加路标。路标连线这一步是形成头脑地图的关键步骤。例如，在路上时，可以选择两个比较显眼的建筑来询问孩子两者的方位关系："人民英雄纪念碑在天安门城楼的哪个方位？""人民大会堂在国家博物馆的东面还是西面？"开始的时候，可以选择两个看得见的建筑作为路标来训练孩子的空间方位关系。在孩子熟练之后，可以选择一个可见，另外一个不可见的路标来询问孩子两者的空间关系。例如，在天安门广场，可以问孩子明十三陵这个看不见的路标，在国家大剧院的什么方位。这时，因为明十三陵看不见，孩子就不得不在头脑中摆放这个路标的准确位置，然后通过对比这两者的方位，才能确定它们的空间关系。最后一步，选择两个都不可见的路标来考察孩子是否能回答它们之间的空间关系。例如，在家里，让孩子说说北海白塔和人民英雄纪念碑的位置关系。在这种情况下，孩子就必须将两者的空间位置全部存放在头脑地图中。这时，只有头脑地图描绘准确，孩子才能准确定位两者之间的方位关系。需要说明的是，上面的例子是以北京的地标为例。在实际操作中，要选择孩子所在地而且孩子熟悉地点来作为地标。

从点到面在头脑中逐渐形成地图之后，就可以开始实景模拟的训练了。所谓实景模拟就是对头脑地图的实操演练。首先，可以从孩子最熟悉的家开始。先让孩子坐在客厅的沙发上，给孩子一张纸和笔。然后随机地在家里选择3到4个比较明显的物品，比如冰箱、电视机、卧室的床等作为路标，让孩子在纸上绘制出这三个路标的相对位置图，并且标上北的方向，从而构成一张简略但是完整的地图。需要注意的是，此时一定不能让孩子在屋里走动，而是要让孩子坐在沙发上用头脑想、再用笔画。之后可以增加路标的个数——个数越多，难度就越大。最后，再扩大环境，试着让孩子画出居住的小区、学校等的简略地图。进一步，再从熟悉的环境拓展到陌生的环境。如果在一个陌生环境，孩子只需走一遍就可以画出头脑地图，那么他的空间方向感就非常优秀了。

总结一下，通过建立"东、南、西、北"的绝对坐标系来探索路标之间的方位关系，由点及面，最后实景模拟以绘制完整的头脑地图。在绘制头脑地图的过程中，孩子的大尺度空间力就会得到训练和提升，这对于孩子将来从事工程、环境、航空航天、城市规划、建筑设计和艺术这类工作有直接的帮助。同时，提升孩子的大尺度空间力，还能潜移默化地改变孩子理解世界的方式，帮助孩子不要以个人为中心，而是以外部的客观参照来多角度地认知世界、认识自我。

2 推理力

从世界上第一个标准化的智力测试"比奈—西蒙智力量表"到现在"斯坦福—比奈量表第五版""韦氏智力测验""瑞文测验""WJ认知能力测验"和"考夫曼智力测验"等，智力测验已经有100多年的历史。虽然这些测试的形式各有不同，但是它们的主要功能都是在测量智力核心——G因素，即通用智力或流体智力。而对G因素的最常见测量方式就是推理测验，即对推理力的测量。推理力是运用知识解决问题的能力，是从已知推未知的能力，是发现规律、总结规律和运用规律的能力，是举一反三的学习和解决问题的能力等等。可以说，推理能力是智力的核心——它依赖于知识，但高于知识。

《福尔摩斯探案》这本小说非常生动地展示了福尔摩斯如何应用推理力来判断华生医生是一名从阿富汗战场归来的军医："这位先生是从事医务工作的，但却有军人的气概，显而易见是位军医。他刚从热带回来，因为脸色黝黑，而那并非是他皮肤的自然色，因为他的手腕皮肤是金黄的。他经受过磨难和疾病的折磨，他憔悴的面容清楚地说明了这一切。他左臂受过伤，因为左臂的动作僵硬、不自然。想想看，一个英国的军医曾在热带的某个地方经受过苦难，并且手臂还受了伤，这会是什么地方呢？自然是阿富汗了。"

这段话清楚地展示了推理的步骤。首先，发现线索。福尔摩斯通过观察，锁定了华生医生重要的外貌特征。这个过程依赖于敏锐的观察力。第二步，检验线索的有效性。福尔摩斯确认华生的皮肤是晒黑的，是因为华生手腕的皮肤是金黄色的，同时，华生左臂受过伤也通过握手进行了确认。推理到最后是福尔摩斯利用确认的线索，并结合当时英国的时局这一已知条件，便顺理成章地得到了华生从阿富汗战场回来的答案。

不仅仅是侦探需要良好的推理力，可以说所有的重要职业都需要良好的推理力。而科学研究人员、工程师、程序员、医生、律师、金融从业人员等尤其需要卓越的推理力。

常见的推理力包含归纳推理、演绎推理和类比推理。

归纳推理是根据一类事物的部分个体具有的某种性质，推出这类事物的所有个体都具有这种性质的推理，即从特殊到一般的推理。哥德巴赫猜想的提出可以说是最为著名的归纳推理了：

$4=2+2$，$6=3+3$，$8=3+5$，$10=5+5$，$12=5+7$，$14=7+7$，$16=5+11$，$18=7+11$，

……

$1000=29+971$　$1002=139+863$，…

左侧算式中所有大于 2 的偶数都可以表示为两个质数之和，于是哥德巴赫猜测：任何一个大于 2 的偶数都可以表示为两个质数之和。

归纳推理是儿童最自然的推理方式，不需要训练就天然具备；同时归纳推理的能力随年龄的增长而不断提高。但是，归纳推理本身不是一个严密的和科学的推理方式，更多地依赖于直觉而非逻辑，因此

在日常生活中基于归纳推理的结论往往是存在问题的。此外，随着推理涉及的因素增多，归纳难度会变大。

相对于归纳推理，演绎推理是严密的。演绎推理是从一个一般性的前提出发，通过推导，得出具体陈述或特殊结论的过程，即从一般到特殊的推理。三段论法是较典型的演绎推理的表现形式。下面是一道经典的演绎推理题：

亚里士多德学院的门口竖着一块牌子，上面写着"不懂逻辑者不得入内"。这天，来了一群人，他们都是懂逻辑的人。如果牌子上的话得到准确的理解和严格的执行，那么可以推知：

A. 他们可能不会被允许进入

B. 他们一定不会被允许进入

C. 他们一定会被允许进入

D. 他们不可能被允许进入

正确答案是 A，因为规则仅说明了"不懂逻辑的人"不可进入，但是并没有说"懂逻辑的人"一定可以进入。

演绎推理并非是天生的，还需要后天的训练，而数学是最好的训练方式。儿童的演绎推理能力的发展可以分为三个阶段。阶段一（小学初年级）：能运用概念对直接感知的事实进行简单的演绎推理；阶段二（小学的中高年级）：能对通过言语表述的事实进行演绎推理；阶段三（初高中）：能自觉地运用演绎推理解决抽象问题，即根据命题中的大前提和小前提，正确地推出结论。

类比推理是以判断某两个事物之间的规律为前提，推出符合此规律的另外两个事物，即从特殊到特殊的推理。它是归纳和演绎两种推理过程的综合，即先从个别到一般，然后再从一般到个别的思维过程。例如，科幻小说中的"火星人"就来源于类比推理：地球上有生命，有人类（特殊），说明类似地球的环境可以孕育生命体（一般）。科学家对火星进行研究，发现火星与地球有许多类似的特征，如火星绕太阳运行、绕轴自转；有大气层，在一年中也有季节变更；大部分时间的温度适合地球上某些已知生物的生存等（一般）。那么，火星上也可能有生命存在（特殊）。

儿童的类比推理是基于归纳和演绎推理的发展，因此它的发展要晚于前两种推理。一般而言，类比推理在小学中年级到高年级才开始发展，而且其发展水平也低于归纳和演绎推理的水平。

如何才能提升孩子的推理力？

首先，推理依赖于观察。提升推理力，必须从充分感知、获得经验、丰富表象三个步骤入手。在日常生活中，要尽量创造条件，让孩子亲自看一看、听一听、摸一摸、尝一尝、闻一闻、玩一玩，从多角度去感知对象。同时，孩子的推理能力仍处在形成和发展阶段，与成人的推理方式有很大的差异。这个时候，家长需要进入孩子的推理世界，理解他们的逻辑特点，寻找孩子推理模式中存在的问题和错误，给予正确的引导。

例如，当孩子看到老鹰能够挥着翅膀在天空翱翔的时候可能会有一个推理过程：老鹰有翅膀，所以能够飞，那么有翅膀的都是可以飞的（归纳推理）。这个直观的自然的推理显然存在着错误，主要原因是因为孩子在这个阶段的生活经验有限。所以解决方案也非常简单了：

给孩子提供更多的推理素材——可以带孩子去动物园亲眼观察更多的有翅膀的鸟类,让孩子主动意识到原来有些鸟类虽然有翅膀却是飞不起来的(比如鸵鸟)。经验积累的过程,也是推理力提升的过程;因此孩子将来再做归纳推理时,他就会考虑更多的因素。

第二、要主动给孩子创造推理的机会,引导孩子进行探究和思考。教育学中的建构主义认为,孩子学习不是机械地接受,而是一个积极主动建构的过程。因此,为孩子创设合适的探究情境,能够让孩子在实践中根据现象发现问题,推理出蕴涵在表象中的一般规律,从而促进推理力的发展。在这探究的情境中,核心是要让孩子学会比较事物的差异,归纳事物的共性,从而有效地总结规律,形成概念。例如,在逛完动物园后,让孩子总结一下哪几种动物是一类;哺乳动物和鸟类各有什么样的特点等。又如,日常生活中的奶制品是孩子熟悉的事物,这时可以告诉孩子奶牛可以产奶,而且动物园中的鹿、大象、羊驼也可以产奶,从而让孩子归纳这些动物和奶牛的异同,最后推理出哺乳动物的概念。

推理力的训练如果借助现实生活情境开展则会起到事半功倍的效果,这是因为在真实情境下进行推理和解决问题,会让得来的知识更加深刻,论据更真实。例如,天阴了,可以问孩子:"你看今天会下雨么?"如果孩子观察不出,可以引导孩子观察一些与下雨有关的特征:"你看,天阴得厉害,燕子飞得很低,会下大雨。"或者让孩子寻找下雨前的征兆——蚂蚁是不是在搬家、水管外面是不是有水珠等。这种主动的引导,不仅让孩子乐于接受,同时还能增进亲子关系。

最后,可以和孩子一起玩需要推理的游戏。例如,可以跟孩子一起玩"看图改错"的游戏,让孩子指出图中不符合情理的错误;也可以跟孩子玩"你比我猜"的游戏,让孩子通过观察动作的线索,来猜测他人想要表达的意思。此外，还可以给孩子出一些谜语题目，让孩子来解谜等。

3　创造力

所谓创造力，是指思维活动中的创造意识和创新精神，不墨守成规，奇异求变，针对一个开放式问题，产生多种多样的解决方案，即善谋。在实际操作中，创造性思维具有独创性、灵活性和流畅性三个特征。具有良好创造力的人对新事物非常敏感，具有超越传统解决问题的套路强烈愿望。许多职业都要求从业者具有良好的创造力，特别是创意型的职业，如作家、摄影家和音乐家等，以及调研型职业如科研人员、教师和工程师等。

如何提升创造力？教育家陶行知先生曾说过："处处是创造之地，天天是创造之时，人人是创造之人。"因此，可以随时随地开展创造力的培养。下面，将分别简要介绍如何针对低年级和高年级的学生的创造力提升。

如果孩子年龄比较小，可以让孩子进行一些简单的艺术创作，如通过画画来打破思维的固化。具体而言，可以通过将一个简单形状填补为一个生动的图画来锻炼孩子的发散性思维。家长可以先在纸上画出很多个形状和大小都一模一样的圆形，然后让孩子发挥自己的创造力尽可能多地去填充它们。例如，第一个圆形添上表情就变成笑脸，第二个画上光芒就变成太阳，第三个加几条辐射线变成车轮，第四个画个支架变成地球仪，等等。画出来的图画越多也好，图画间的差别越大越好。

如果孩子觉得困难，可能是因为孩子平时观察较少，没有注意到哪些事物有"圆"这个基本特征。解决的办法就是要多引导孩子去观察周围的事物——以圆形为例，和孩子一起找找：家里、上学路上哪些物品包含圆形？比如水杯、卷纸、红绿灯等，找一个，就可以画一个，不断地发散思路。

在这基础之上，就可以在真实的物体上进行创造。家里的一些小玩意儿，如快递盒子的硬纸板、旧床单等都可以成为孩子创作的原材料。例如，孩子可以用笔在喝水的白色纸杯上尽情释放自己的创意（比如笑脸、太阳、地球仪等基于圆形的创意）；在画完之后，可以再锦上添花，比如把纸杯边缘剪开，做成一个小灯笼的形状；或者在里面粘个铃铛，用绳子挂起来成为一个小风铃。当孩子看见自己的涂鸦还能成为小艺术品展出，就会更加积极地投入到创作之中。事实上，孩子天生就是奇思妙想的好手，家长需要做的，就是给他们创作的空间和机会。

对于高年级的学生，语言则是更好地提升创造力的媒介。这是因为语言是思维的载体，而语言是存储在有众多神经元构建的神经网络之中。这种网状结构类似于蜘蛛网——当一点被触及了，波动就会沿着网络向四周扩散，同时振幅不断衰减——离得近的，振幅较大，而离得远的，振幅较小。在语言的神经网络中，语义和语音相近的词靠得比较近。例如，由晚会可以很快联想到晚宴（语音），而从晚宴，又会想到美食、美酒、晚礼服等。于是，孩子头脑中的词汇网络就在不断地激活和发散，联想就自然而然地发生了，并不断地被强化。

基于这个原理，可以和孩子玩一个"音调—家人"的游戏，即和孩子一起找具有相同音调的词。游戏的规则是：参与者轮流说一些词，每个词的第一个字必须是三声，第二个字必须是四声，如："晚会""喜悦""影帝""火箭"等。每人有 10 秒的思考时间，如果 10 秒内说不出来，就自动切换到下一个人。谁说得多谁就获胜。当然，词的规则可以改变。比如，第一个字是一声，第二个字是四声，像"高兴""今日"等。这个游戏最大的优点就是没有限制，能最大限度地激发孩子开动大脑，通过联想去搜索词语，比如，从"晚会"这个词可以联想到"晚上""晚宴""晚到"等多个词语。

基于语音的联想相对比较简单，更进一步则是基于语义的联想。语义联想需要对词义进行深加工，以语义推动联想和思维发散。例如，说出带有十二生肖的成语：守株待兔、青梅竹马、画蛇添足、闻鸡起舞、白云苍狗、贼眉鼠眼，等等。又如，说出带有两个动物的成语：卧虎藏龙、蛛丝马迹、鸦雀无声、蝇营狗苟，等等。再如，说出带有植物的成语：粗枝大叶、草木皆兵、昙花一现、花团锦簇，等等。这个游戏最好能在生活场景中自然切入，因为通过特定场景，更容易激发与这场景有关的词的联想。比如，周末去公园，看见蓝天白云就说带颜色的成语，比如花红柳绿、姹紫嫣红、青黄不接，等等。又如，晚上一起吃饭时，可以说带味道的成语，比如苦尽甘来、酸甜可口，等等。

总结一下，在这个阶段智力发展的核心任务是大尺度空间力、推理力和创造力。通过对这三种能力的培养，孩子开始从单一能力向多元能力进化，从具象表征到抽象思维升级。由此，孩子的思维从前运算阶段进阶到具体运算阶段和形式运算阶段，从而让孩子的思维摆脱约束，真正地在智慧的海洋里遨游。

超越智力,提升综合素质

在失败和成功之间,隔的不仅仅是智力。

我还在北大读书的时候,和朋友组队参加了一个校内的知识竞赛。这位朋友给我展示了一下什么叫做"过目不忘"——他仅仅用了两天的时间,就一字不落地背下了囊括从1927年建军到1990年的三厚本《中国人民解放军军史》。他说,只要看过一眼,他就不会忘记。

但是,我们不仅没有夺冠,甚至我们连半决赛都没有进入。原因很简单,其他组合里也有"过目不忘"的人,而且他们回忆抢答的速度更快。

这就是北大——她不仅有这些"过目不忘"的天才,而且还有国际奥赛金牌得主、高考状元,可谓是群星璀璨。

20多年一晃而过。这些曾经风华正茂、挥斥方遒的同学少年,大多却没有中流击水,浪遏飞舟,成为时代的引领者。2014年中国校友会网发布了对1952年到2013年近3000名高考状元的职业状况的调查报告。遗憾的是,这些高考状元竟没有一人成为行业领袖!以高考状元选择最多的经济学和工商管理专业为例(38.5%的高考状元选择了这两个专业),他们现在多属高级打工仔,少数进入了金领阶层,但是无一人跻身胡润、福布斯、新财富等中国富豪榜。

这些少年、青年时代意气风发的天才，他们的成就远低个人和社会预期。

这些高考状元的低于预期的成就并不是孤例。美国的研究者发现，并非所有的超常儿童在成年后都在事业上取得成功，甚至有相当一部分在事业上属于失败者。

天才并没有成长为人才，为什么？

乔布斯毫无疑问是一个天才。1976年乔布斯与沃兹尼亚克筹资1750美元，组装出了第一台可销售的个人电脑，苹果I。以此为起点，苹果公司在十年里成长为一家员工超过四千人、市价二十亿美金的创新公司。此时，苹果公司划时代的Macintosh刚刚发布，而乔布斯也从美国总统里根手中接受了美国科技奖章。可谓正是春风得意时。

然而，也正是这一年，乔布斯被他所创立的苹果公司开除了！从天堂跌入地狱，从风光无限的成功者变成无人搭理的失败者。

2005年6月，乔布斯在斯坦福大学毕业典礼上回顾这段经历的时候，他说："被苹果公司开除，是我所经历过最好的事情。"被自己创建的公司开除，怎么会是最好的事呢？乔布斯解释道："有时候，人生会用砖头打你的头，但不要丧失信心。当成功的沉重被从头来过的轻松所取代，这让我自由进入这辈子最有创意的年代。"

的确，离开苹果公司的乔布斯如果怨天尤人、一蹶不振，那么，他就只是一个如流星划过天际的天才，而不是一个能推动人类文明进步的人才。而乔布斯所做的是创建了NeXT公司，而该公司研发的操作系统NeXTSTEP，就是我们今天在iMac, iphone, ipad等上运行的操作系统iOS的前身。正是这套操作系统，让苹果公司以4.27

亿美元买下了 NeXT 电脑公司，而乔布斯借此重新出任苹果公司 CEO 兼董事会主席，重掌苹果公司。

对于乔布斯而言，在智商之外，他还具有逆商（Adversity Quotient，AQ），即面对逆境，面对失败，不放弃，而是继续前行。类似的，曾经是古巴难民的可口可乐公司总裁维塔在总结自己的成功秘诀的时候说："一个人即使走到了绝境，只要你有坚定的信念，抱着必胜的决心，你仍然还有成功的可能。"

美国国家超常人才研究中心前主任任祖利教授指出：一个人才，不仅需要超常的智力，更需要优秀的人格品质。乔布斯和维塔的逆商，就是其中一个优秀的人格品质。所以，在美国国家超常人才研究中心对超常儿童的 28 条选拔标准中，已经纳入了大量的非智力因素，其中包括："能够对他人表现出同情心，有幽默感，有强烈的正义感"等等。更进一步，哈佛大学心理学家戈尔曼在《情商：为什么它比智商更重要》一书中提出了一个经验公式：个人的成就 = 20% 的智力因素 + 80% 的非智力因素。

这也是为什么高考状元没有成长为各个行业的"状元"的主要原因——他们固然绝顶聪明，但是可能因为他们在非智力因素上的短板，阻碍了他们登上事业的最高峰。

发达国家的心理学家和教育家已经深刻地意识到了这个问题，已经开始把教育的重心从提升孩子的学业能力，变成了提升孩子学业能力与培养孩子的个性品格并重，即核心素养。

世界经济合作与发展组织（OECD）率先于本世纪初，提出了 21 世纪人才应具有能互动地使用工具、能在社会异质团体中互动、能自主行动等三大核心素养。其中，能互动地使用工具包括互动地使用语言、符号与文本的能力，互动地使用知识与信息的能力，互动地使用科技的能力；能在社会异质团体中互动包括与他人建立良好关系的能力、合作的能力、管理与解决冲突的能力；能自主行动包括在复杂大环境中行动的能力，设计人生规划与个人计划的能力，维护权利、利益与需求的能力。

欧盟以终身学习为出发点，发布了研究报告《终身学习核心素养：欧洲参考框架》。在这个报告中，核心素养包括母语沟通、外语沟通、数学能力与科技素养、信息交流、主动与创新精神、学会学习、社交与公民素养、文化意识和表达等共八个方面。

美国则面对社会的迅速变革，集合戴尔、苹果、思科、英特尔等大公司，创建了21世纪技能联盟，提出了包括创造力与创新、批判思维与问题解决、交流沟通与合作、信息素养、媒体素养、通信技术素养、灵活性与适应性、主动性与自我导向、社会与跨文化素养、创作与责任、领导与负责等11个指标的核心素养。近几年，由道尔顿学校、斯宾塞学校、菲利普斯学院等近百所美国顶尖私立高中组成了"掌握成绩单联合会"（Mastery Transcript Consortium）。他们已经和哈佛大学、耶鲁大学等达成协议，将采用一种全新的、持续的和动态的学生评价体系，来取代美国高考SAT和ACT。该评价体系包括：分析和创造性思维、口头及书面表达、领导力及团队合作、信息技术及数理能力、全球视野、高适应性、品德和理性兼顾的决策能力、抗压与自我管理等智力与非智力因素。

针对新时代对创新人才的新定义，我们根据教育部相关文件，并结合国内外最新的脑科学与心理学研究成果，构建了创新人才的潜能模型。该创新人才模型包含科学人文的知识与能力、发明创造的思维品质和良好的心理素质三个核心要素，具体如图所示：

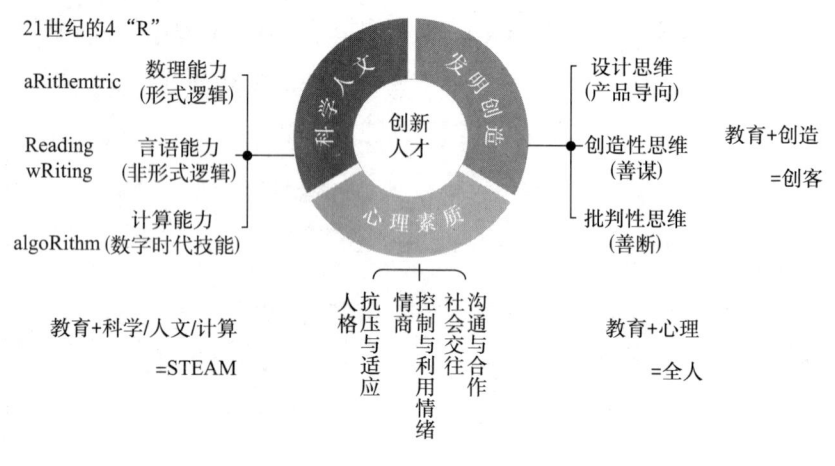

21世纪的4"R"
aRithemtric 数理能力（形式逻辑）
Reading wRiting 言语能力（非形式逻辑）
algoRithm 计算能力（数字时代技能）

科学人文 发明创造 心理素质
创新人才

设计思维（产品导向）
创造性思维（善谋）
批判性思维（善断）

人格与适应 抗压 情商 控制与利用情绪 社会交往 沟通与合作

教育+科学/人文/计算 =STEAM

教育+创造 =创客

教育+心理 =全人

创新人才的三要素模型

首先，创新人才要有科学人文的知识与能力。它主要包括三部分：第一部分是数理能力，即形式逻辑，包括演绎逻辑和归纳逻辑，这是我们传统说的理工科核心能力。第二部分是言语能力，即非形式逻辑，指的是日常生活（如公共事务讨论、报纸社论、法庭辩论等）中分析、解释、评价、批评和论证建构的非形式标准、尺度和程序，这是我们传统上所说的人文社科核心能力。这两部分构成了自19世纪工业文明以来，强调的3R能力（aRithemtric, Reading和wRiting）。第三部分是计算能力，这是在数字化时代必须具有的通过约简、嵌入、转化和仿真等方法，把一个复杂问题重新阐释成一系列简单问题的能力。这部分是进入21世纪信息文明所强调的第四个R（algoRithm）。科学人文的知识与能力与教育结合的产物，就是STEAM教育。

其二，创新人才要具有发明创造的思维品质。它的核心是设计思维。设计思维不是狭义的外形设计，而是以最终产品为导向，通过理解问题产生的背景，从而催生洞察力及解决方法，最后理性地分析和找出最合适的解决方案。第二和第三种思维分别是创造性思维和批判性思维。创造性思维的核心是善谋，即善于谋划，能够针对一个问题谋划出多种解决方案。有了多种解决问题的方案之后，就需要批判性思维来评估每一条路径在当前资源和约束条件下的优劣，以找到最优的解决方案。所以，批判性思维的核心就是善断，即善于从多种可能性中作出决定。发明创造的思维品质与教育结合，就是创客教育，是当前国家提倡的创新创业教育的核心。整体而言，第一和第二要素主要体现在智力提升上，是传统基础教育（第一要素）和现代基础教育（第二要素）最为关注的部分。

其三，创新人才要有良好的心理素质。 要成为一个创新人才，仅仅拥有上述两部分的素养是不够的，还需要具有良好的心理素质。很难想象一个抗压能力差，或者缺乏领导力，不能进行有效沟通和有效合作的人，能够成为一个创新人才。心理素质这部分主要包括人格、情商和社会交往等三个要素。人格主要指快速适应新的环境，积极应对可能的挫折；情商主要指对情绪的控制和利用，以展现出充分的领导力；而社会交往因素则强调有效沟通与有效合作，从而达成共同的目标，实现美美与共。心理素质培养与教育的结合，就是全人教育。这个要素主要指的就是非智力因素。

限于篇幅和要旨，本书没有对如何提升非智力因素进行详细的介绍。但是正如"序"中所提到的，智力并非是万能的，所以我们在提升孩子智力的同时，也需要提升孩子的非智力方面的能力——它与智力同等重要。同时，在 **Part 4 最强大脑的故事** 中，我们通过介绍参加"最强大脑"节目选手的成长故事，希望能给家长如何全面地培养孩子一点参考和借鉴。

PART 4

——

最强大脑的故事

要成为"最强大脑",取得学业和事业上的成功,显然仅仅有超常的智力是不够的。例如,美国心理学家任祖利认为个体对任务的投入非常重要,是定义天才的重要一环。

任务投入是指个体对完成一件事有着极高的兴趣和热忱,并且能够坚持不懈。除"任务投入"外,还包含独立自信、心理弹性、成长性思维、情绪智力以及领导力等等。在本次选拔后,我们对20位成绩优秀的挑战者进行了访谈,了解他们身上的"非智力"因素如何帮助他们成为"最强大脑"。

任务投入

宋代文学家王安石在《游褒禅山记》中写道:"世之奇伟、瑰怪,非常之观,常在于险远,而人之所罕至焉,故非有志者不能至也。"追求成功的道路必然是崎岖艰险的,对每个人都是如此,能到达终点的一定是锲而不舍的人。在入选"最强大脑"前 100 名的挑战者中,不乏聪明而坚持的人。

1　王春彧　关键词:天道酬勤

王春彧出身名校,本科就读于武汉大学,研究生就读同济大学建筑专业。他学术能力出众,有 4 篇核心期刊论文(第一作者),获得过 5 项科研成果。除本专业外,在城市规划、平面设计、App 与交互、互联网产品设计等诸多领域拿了超过 10 项竞赛大奖。

王春彧优秀而低调,他强调自己不是天才型选手,只是看上去挺聪明的,其实反应很慢。王春彧优秀的成绩和个人的认真与努力是分不开的。武汉大学建筑物理课特别难,王春彧上课时拍照录音,课后抄录,记了两本厚厚的笔记。笔记结构严整,用红色、蓝色、黑色对不同的内容作了区分,右侧为概念,左侧为例题,回顾笔记的时候,效率更高。现在他的大学物理课程笔记还在供学弟学妹复印传阅。

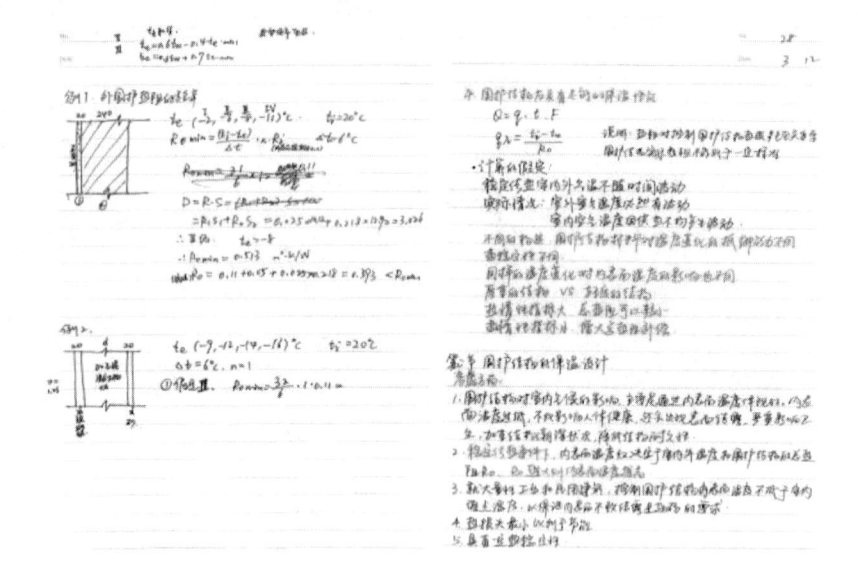

王春彧是辩论队成员，说话条理清晰，态度温文尔雅、谦和恭敛，采访他的编导都赞誉有加。王春彧以前因为身材偏胖，性格内向，不太爱说话。上大学的时候辩论队招新，放了一段 1999 年国际大专辩论赛的视频，他当场为蒋昌建老师的魅力所倾倒，下定决心参加辩论队。不久之后，王春彧从一个说话不利索的新生变成了最佳辩手，而这都是刻苦训练的成果。

王春彧的减肥经历也是一个传奇。大学之前，他体重 200 多斤。高考后的暑假，他仅仅花 3 个月就减重 50 斤，背后付出的努力和汗水可想而知。

天道酬勤，天赋固然重要，但是勤奋让天赋得以发挥价值，给王春彧带来令人羡慕的履历和令人惊讶的变化。

2　陈家庚　关键词：读报七尺

陈家庚就读于山东省桓台第一中学，在学校担任团总支书记和班长，成绩不错的他年级排名大多处于前五。

陈家庚获得的奖项有很多，而且涉及范围很广。"希望杯"全国数学邀请赛铜奖、省一等奖，地理知识竞赛全国一等奖，英语能力竞赛全国奖，朗诵比赛全国优等奖，演讲比赛全国三等奖，英语演讲省一等奖……这些都是他的赫然战绩。

陈家庚从小就对错综的国际形势很感兴趣，他觉得自己个人的能力以及平常的锻炼都比较适合学习国际关系，未来想考北京大学的国际关系学院学习国际关系专业。他会着意提升自己与国际关系专业相关的能力。虽然文科不是他擅长的，他也能努力学习，为进入理想专业铺路。从小就喜欢阅读与国际形势相关的报刊，他读过的《国际社会专刊》的报纸量已经累积到一米八二，《南方周末》《半月谈》摞起来已有半身高。平时父母对于陈家庚的教育很开明，亦师亦友，支持他自主选择。

陈家庚觉得学习最重要的就是心态和方法，要有一颗乐观的心，当然，这种乐观不等于盲目，而是自信。他相信一个人只有充分地自信，阳光才会照进内心，生活才会更加美好。

3　马艺妮　关键词：理性平和

马艺妮，清华大学学生，喜欢物理，喜欢研究机器人，目前获得了有关机器人的六项专利，在全国同年龄段机器人研发中位列前茅。

这一切的开端，就是因为第一次踏入实验室，发现师兄们正在研发"球型手"机器人时，她感受到有一腔热血在沸腾。那一瞬间，马艺妮仿佛找到了自己来清华的理由，可能真的是命中有缘，才会在最美好的年纪，遇上最想做的事。

没有人能随随便便成功，天才少女也不是一路顺风。马艺妮谈到在高中时期就喜欢物理，因为它直截了当，一看就懂。但在高一全国中学生物理竞赛上，她没能晋级省队拿到保送名额，这是她认为最失败的事。为此，一向随缘的马艺妮下定决心刻苦念书，在高二一雪前耻，这才成功保送清华。马艺妮觉得"别人都说我有天赋，那我自然得加倍努力"。

马艺妮还是一个特别谦虚的姑娘，尽管在别人眼里她已经是一个"传说"，但她认为自己只是一个平凡的女孩子。"我其实很普通，没什么特别的。"马艺妮最喜欢说的词是"随缘"，签约清华是随缘，喜欢物理是随缘，拿到六项专利也是随缘。这随缘只是她的谦辞，背后是踏踏实实地付出。

4 曾新异　关键词：学无止境

曾新异是四川成都人，高三时轻松获得120万全额奖学金，本科留学新加坡南洋理工大学，研究生就读英国帝国理工学院创新创业与管理专业。

从小到大，曾新异都是大家口中的"学霸"。父亲是工程师，母亲是中国电信的行政人员，两人对曾新异的任何想法都呈支持态度，仅仅在生活习惯上严格要求，在学习方面曾父曾母实行放养政策。

放假期间大多孩子都不想去上补习班，轰轰烈烈地玩耍就好了，而曾新异却痴迷于补习班的学习。曾新异一直觉得，补习班可以让自己在课堂学习中更加轻松。"基本在上学的时候，市面上见过的参考书我都做完了。暑假作业3天做完，剩下的时间就会上补习班。"向来都是曾新异主动向父母要钱去报补习班，而他父母则是劝他不要报了，应多拿出时间来玩耍。有一次，曾新异向父母要了2000元，没明说报名补习班，父母第二天知道了，曾爸让他退课，双方僵持不下，曾新异也就退了一半作为妥协。

曾新异自诩不是一个绝顶聪明的孩子，高中的他在成都七中（中国西部排名第一的中学），同级有很多同学在竞赛班，他觉得竞赛班的人才是真的聪明。不过，羡慕别人的同时，曾新异也会为自己打气，太聪明的人往往心不细，而自己的优势在于心细、勤奋，要想取得好成绩，就要利用好自己勤奋的优势，将优势不断放大。

曾新异本科在南洋理工读的工科，毕业后，找工作也非常顺利，在新加坡电信谋得产品经理的职位，这是一份很多人心中定义的"好工作"。曾新异信心满满，然而在实际工作中，他发现接触更多的是商科的内容，而自己在这方面有短板。另外在与一些海外其他高校朋友的交流中，不愿服输的他觉得自己和心中优秀的标准还是有些许差距，所以他决定继续读书，开阔眼界，补足短板。于是他又选择就读英国帝国理工学院创新创业与管理专业来完成自己的硕士学业。

5　葛佳慧　关键词：激活天赋

葛佳慧就读于美国伯克利音乐学院，是2014年伯克利音乐学院爵士作曲专业录取的唯一一名中国学生，不仅如此，葛佳慧还是唯

——一个在伯克利拥有爵士大乐队的中国女作曲人。伯克利音乐学院是美国顶尖的现代音乐学院，创始人是知名的麻省理工学院钢琴和作曲专业的劳伦伯克教授。学校十分惜才，对招生慎之又慎，也因此培养了遍布世界各地的知名音乐人才。

葛佳慧作为大都会歌剧院元老级别演唱家的晚年登门弟子，成为当年唯一一个获得伯克利音乐学院奖学金的中国歌手。伯克利作为全球瞩目的顶尖学院，人才济济，而学院奖学金的获得不仅要通过试音和面试，连续学完两学期的全日制课程，而且还要提交自己的代表作，难度巨大。

这些光辉的背后是不懈努力的汗水。葛佳慧在大学时的学习压力是非常大的，她每天的学习日常就是在学校录音棚里录音，从晚上一直到早晨六七点，吃个早饭过后再去上课。同学们一般一年最多修16学分，葛佳慧竟然修到了21个学分。爵士作曲、现代音乐制作，加上指挥副修并且还有很多涉及古典作曲、乐器研究的课程都要学习考试。这样高强度的学习导致葛佳慧的娱乐时间很少，最多也就是和朋友出去玩一起吃饭，对她来说最重要的还是要平衡睡觉和学习的时间。在一年念三个学期的强压学习制度下，葛佳慧大学期间没有办法回国和家人团聚。

葛佳慧对自己的音乐学习之路的规划慎重而坚持。葛佳慧的偶像是就读于皇家音乐学院的 Jacob Collier，葛佳慧很欣赏他对和声的理解，欣赏他能够勇敢做自己，百分之两百地相信自己。但是就是在这样的热爱之下，葛佳慧还是放弃了和他成为同学的机会。原因是这样的，更想做爵士乐和流行乐的葛佳慧收到了全世界排名前十的皇家音乐学院的邀请，但是由于学习古典歌剧演唱，不是她喜欢的，最后还是拒绝了。

对于释放学习的压力，葛佳慧有自己独特的方法。看《蓝色情人节》《倒悬的地平线》都能让自己平静下来，而听 Jacob Collier 的 *Hajanga*，以及施特拉文斯基的交响作品《春之祭》则可以让自己满血复活继续战斗。

葛佳慧虽然拥有超强的音乐天赋，但丝毫没有放弃后天的努力。

6　令狐浩天　关键词：日拱一卒

令狐浩天是西安交通大学的一名少年大学生。

就像进入"最强大脑"百强名单要经过海选—初试—复试一样，令狐浩天也必须经过层层选拔，才能够在 15 岁的年纪走进西安交通大学的课堂，实现从初中生到大学生的跳跃。说起这次成功，除了上课认真听、多做题这不算诀窍的诀窍，令狐浩天说最重要的是"我对自己认定的事，就会努力去做到"。

在初三之前，令狐浩天的成绩虽好，但也只是年级十几名，并不特别突出。为了能上理想中的学校，令狐浩天默默努力了一整个暑假，到了初三，成绩一下子提高到年级第三，这才有了提前上大学的机会。而为了能从众多初中生中脱颖而出，他坚持每天多学一点，每天进步一点，最终通过了选拔，提前当上了大学生。

天道酬勤，令狐浩天实践了这条朴素的真理。令狐浩天会为了钻研一道题，不惜花上几十分钟甚至几个小时的时间。

7　孙勇　关键词：知耻而后勇

孙勇，清华大学本科生，安徽高考理科状元。

在中学时期，孙勇听过最多的四个字，可能就是"天资聪颖"，不用努力也能拿到羡煞旁人的好成绩。而他性格叛逆，和老师起冲突，在学习上用功少，成绩不好，渐渐被当做不学无术的学生。

高中时期，孙勇学会了努力，他明白靠聪明是走不到高考金字塔尖上的。每天伴着凌晨两点的月光入睡，迎着清晨六点的朝阳苏醒，孙勇生活唯一的重心是读书，唯一的消遣是做题。三年后，他成为安徽高考理科状元，总分703分，顺利成为无为县自宋朝后的第一个状元。

从小县城到大城市，孙勇打开了新世界的大门，蜕变发生在每时每刻，孙勇开始修双学位，开始学习吉他和嘻哈，每一个选择都开始让他成为更好的自己。

8　霍天睿　关键词：集腋成裘

十二岁的霍天睿是"最强大脑"最年轻的选手之一，就读于中国人民大学附属中学，平时的爱好是"刷题"。

人大附中的学生都属于成绩顶尖的类型。霍天睿说："在人大附中读书压力差不多没有，但也不能说绝对没有。我属于比较喜欢学习那种，小窍门就是绝不浪费一点可利用的时间。"很难想象这是一个十岁出头的孩子总结出来的窍门。在别的小孩都喜欢玩的时候，霍天睿选择学习，他最享受的就是"做卷子""刷题"。看着一本本练习册累积成厚厚一摞，带来的成就感是无可比拟的。霍天睿的短期目标是希望能够在初中数学联赛中取得好成绩，"不枉我刷过的题目"。

身边优秀的人也让霍天睿觉得自己应该更加努力地去学习。他觉得对自己人生改变很大的、也让自己最骄傲的有两件事，一件是考入了人大附中，另一件是站在"最强大脑"的舞台上，这俩地方都是高手云集的地方。"太多高手在这里啦，我清楚地意识到了我自己的实力是多么微弱，我还有那么多的东西要去学习。"

在学习之余，霍天睿通过体育活动来调节自己的状态。滑雪、游泳、跑步等，各种球类运动都属于他的日常练习项目。"我很享受在运动过程中，尽情挥洒汗水，跟着心自由奔放的感觉。"运动能够让霍天睿与学习进行短暂分离，在享受体育运动带来的乐趣中释放自我，达到最放松的状态。

9　陈浩斌　关键词：永不放弃

陈浩斌来自北京师范大学附属实验中学，是一个阳光、有朝气、学习体育无一不精的学神级人物。

陈浩斌目前就读于北京最好的高中之一——北京师范大学附属实验中学高中国际部。在学好国内的功课如数理化的同时，还要写一些美国大学比较看重的论文之类的材料，但陈浩斌都很好地消化了这些重任，还参加了美国数学大联盟杯赛，获得了优胜奖。陈浩斌显得有点害羞，很谦虚地表示以他现在的成绩，还称不上是学霸。但是言谈间也展示出了他低调的自信，"我能进入北京市最好高中，和学霸是同学，已经证明了我有一定的学习能力。"

陈浩斌认为自己成为"学霸"的原因，就是一直坚持，尽管成绩偶尔会有波动，但是不管考试成绩如何，他都一直坚持学习。他认为"只要坚持学习，注重学习方法，人人都可成为学霸"。陈浩斌的学霸之路并非一帆风顺，也遇到过挫折。升入初中后，由于环境的变化，生活上有过很长一段时间的不适应；中考前心理压力比较大，但他都坚持了下来，并成功考入北京最好的高中。

陈浩斌最喜欢的电影是《萨利机长》，影片讲述了萨利机长在飞机发动机失效、无法在机场着陆的情况下仍然临危不乱，最终成功地迫降在哈德逊河中，拯救155名乘客和机组人员的故事。陈浩斌说："这名机长遇到危机情况，仍然沉着冷静、安全应对，给我留下了很深的印象。"面对困境，依然沉着、坚毅，现实中的陈浩斌在这点上和他的偶像萨利机长还真有几分相似。

陈浩斌释放压力的方式是长跑，也透着"坚持"的底色。只要在环境和身体条件允许的情况下，他都会坚持跑步。他认为只有拥有一个强健的体魄才能够支撑起大脑的高速运转。陈浩斌曾在中国田协组织的欢乐跑10公里比赛中获得"欢乐英雄"称号，还在北京市定向越野锦标赛高中男子乙组中获得团体第四名。

1%的天赋加上99%的坚持在陈浩斌这里不是一句空虚的名言，而是一条实践的准则。"坚持、坚毅、永不放弃是我拥有的特质。"陈浩斌坚定地说。陈浩斌说到目前为止，虽然经历了小的波折，但并没有特别大的遗憾。"因为很多事情我都尽力去做了。只要尽力，就没有什么可遗憾的。"对于学霸，陈浩斌有自己的认识，在他看来，学霸等于天赋加努力。"人的天赋固然重要，但更重要的是自己要不断努力，否则无论你有多好的天赋，最终都会被荒废掉。"

10　丁若虚　关键词：扬长避短

丁若虚是香港中文大学（深圳）的"文科生"，现就职于特斯拉（中国）。

"最强大脑"的大部分题目都需要很强的数理能力，而身为文科生的他遭到了四面八方的质疑。他坦言，其他选手都厉害得让人笑容凝固，自己只能尽量平稳心态。于是丁若虚给自己定下的策略是：在比赛中灵活分析局势，扬长避短。丁若虚的快速学习能力极强，在比赛中面对的全新挑战，经常能在最短时间内了解项目，判断应该进行什么样的准备和技巧。另一方面，丁若虚的观察力比较好，参加的项目也都以观察为主。

虽然丁若虚对待很多事情的态度都很"佛系"。他不习惯给自己的未来定下规划和目标。但是在过程中，他从来不会怠慢。当他认为自己有能力做好某件事时，就一定会全力以赴。从不害怕未知的丁若虚，总是无惧结果，享受全身心投入的过程，拥抱每一种可能。因为在聚集了众多天才选手的"最强大脑"的舞台上，要脱颖而出，更要看各自的后天努力。丁若虚说："天赋决定下限，努力决定上限，其实努力就是尝试在自己原有的基础上达到更高的过程。"

为了达到更高的水平，丁若虚付出了加倍的努力，经常备赛到凌晨四五点钟，甚至没时间睡觉。他把比赛项目的练习软件全部刷通关三次，挑战地狱模式，每一关都记录时间，写思路分析，做笔记。在比赛中遗憾败北后，丁若虚又展现出非同寻常的淡定和沉稳。在他眼中，自己的付出比结果更重要。每一分努力，都不是为了让别人看到"丁若虚已经够努力了"，而是对得起自己参加比赛的兴趣与追求。

在赛场之外，外表帅气、举止优雅的丁若虚在大学期间也是十分活跃的风云人物，多次在校级大型活动中担任主持人，在戏剧社年度大戏中担任男主角，获得"优秀学生"等一系列校园奖项。他的出色的沟通交流能力并不只是天赋，更离不开后天的刻意训练。为了让自己能够各个领域的不同人物更自在地交谈，他不断拓宽知识范围，让自己尽可能了解更多事情。

行胜于言

影响超常人才潜能实现的其他特质很多，目前并没有定论，不同的超常人才模型有着不同定义。比如，心理学家罗伯特·斯滕博格（Robert Sternberg）的超常人才模型中提到的"实践智力"，指的是改变自我适应环境的能力，包括管理自己、管理他人，以及管理任务。他认为传统的智力成分和创造力能够让人想出一个伟大的想法，但是想要实现这个想法，说服他人和自己一起去实现这个想法，则需要"实践智力"的加入。

入选的百强选手能力超常，同时也极富个性，他们对事物的认识和判断各具特点，每个人都有自己独特的成功的路径。

1 郑吉豪 关键词：特立独行

郑吉豪，就读于常熟的 UWC（世界联合学院）。郑吉豪高一时参加国际"欧几里得数学竞赛"，就拿下了全球前 25% 的名次。这是由世界最大的数学学院滑铁卢大学数学院举办的，专为 12 年级（高三）学生准备的比赛，也是整个竞赛体院中含金量最高的。

他还凭借丰富的想象力、细致的观察力以及超强的实践动手能力，入选美国物理教师协会举办的"物理摄影"活动全球 TOP50。

"物理杯"是美国最具影响力的高中物理竞赛，其中"物理摄影"要求参赛者拍摄一张生活中或者特意设计的，可以巧妙反映深刻物理现象的照片，然后配以物理原理阐释说明。

不同于一般的高中生穿制服、理短发，郑吉豪穿西装打领带、头发齐肩。就像他对衣着的选择，他对求学之路的选择也很独特。郑吉豪就读的世界联合学院始创于1962年，是当今世界独具一格的全球性运动教育。录取人数是每年所有申请者总数的5%，与考进哈佛和耶鲁差不多一样困难。UWC是郑吉豪为自己挑选的，是他执意要就读的。他独自前往选拔考试，并且顺利通过。父母起初也坚决反对，最后也只好同意。UWC的宣传语是"适合于喜欢挑战自己、立志成为明天的变革者的学生"。

郑吉豪说从小他的思维就异常活跃，大多数人都跟不上他的节奏，别人在研究A到C的过程时，他可能已经跳跃到Z了。小学时，郑吉豪觉得普通棋牌游戏太无聊了，索性自己创立了一套新规则，但周围没有人能听得懂，所以他的玩伴只有自己。

郑吉豪说他享受孤独，追求自由，渴望乌托邦式的纯粹生活。他说自己执意选择UWC，就因为那里课程选择自由，上课时间自由，甚至能自由恋爱。他的理想大学是美国加州死亡谷旁边的"深泉学院"。在"深泉学院"，郑吉豪宣称自己将获得另外一种自由：比邻美国死亡谷，位于沙漠中；与世隔绝，通讯延迟；不接受访客，周围都是荒漠；种田、养猪、挤牛奶，同时尽情地冥想、思考、读书、体验。

郑吉豪声称自己是一个"懒癌患者"，但他所谓的"懒"，是不想浪费任何时间、精力在没有意义的事情上。所以他连宿舍到教室上课的路线也要精确到步数；会考虑某个时间电梯的人流量，以此来判断电梯会停在哪一层，如果先去忙其他事的话，回来时电梯是否正巧到达。

郑吉豪说他的梦想是改变世界。"武功高强的世外高人，在练绝世武功的时候都会压制自己的欲望，让兴趣保持在最高点，对能力有所保留，这就是我的秘密武器，反弹将会有巨大的能量。"郑吉豪选择用"苦行僧"的方式去追寻梦想，仿佛有一种"天将降大任于斯人也，必先苦其心志，劳其筋骨，饿其体肤，空乏其身，行拂乱其所为，所以动心忍性，曾益其所不能"的自我修行。

2　栾雨　关键词：专注做好每一件事

栾雨，清华大学数学博士，南开大学基础数学专业本科，连续两季作为中国战队成员参加"最强大脑"全球总决赛。

回首自己的成长历程，栾雨认为至关重要的一点就是懂得制定最合理的规划，专心做好每一件事。"该学习的时候就100%投入学习，该玩的时候也要彻底放松身心"已经成为栾雨的做事原则。

这个让栾雨受益终生的良好习惯源自小时候妈妈对他的教育。妈妈对栾雨严格规定，只要认真完成作业，就可以做自己想做的事情。于是，栾雨每天抓紧时间高效完成作业，甚至在学校提前写完作业再回家。得益于此，栾雨不仅始终保持优异的课业成绩，也逐渐学会根据事情重要性安排时间，并且在过程中锻炼了自制力和专注力。

栾雨专注的不只是数学，在自己最爱玩的游戏方面，同样也下足了功夫。在他看来，游戏和数学有很多共同之处：同样考验逻辑思维、同样有很多挑战、同样充满乐趣。"在很多游戏中，我们的逻辑能力、观察力、反应力都能得到很大的锻炼。"栾雨说道。"但一切的前提都是集中注意力。只有专注去做一件事情，才能有最大的收获。"

而栾雨的专注习惯养成则来自他父母的榜样。栾雨妈妈是一名会计，不仅对数字敏感，而且有着严谨认真的工作态度。栾雨的爸爸是一名俄语翻译，多年来坚持用俄语写日记、读俄语书，反复读写练习。妈妈的严谨认真和爸爸的勤劳刻苦，都为栾雨的成长过程树立了良好的榜样。的确，或许在作业题目和具体的学习问题上，家长没有办法给出正确的解答，但是家长的一言一行、工作和学习的态度都会在潜移默化中引导并教育着孩子。

栾雨不仅仅在学业上取得好成绩，而且他非常注重全面发展。栾雨常说，自己最大的爱好就是健身、游戏和烫头。面对"不务正业"的调侃，栾雨不以为然。"我都是在完成日常工作后，再去做自己的爱好。这些爱好帮我放松身心，也让我学会享受生活。"

现代人生活节奏较快，需要经常运动调节自己的身体。身体是一切的基础，包括"最强大脑"。在健身房举铁就是栾雨最爱的运动，每周栾雨都会去4—5次健身房，强度不亚于学习，并且十分享受健身之后肌肉乳酸堆积的感觉。

栾雨在学生团体中也很活跃，本科时不仅是"南开大学优秀共青团员""南开大学三好学生"，还是"南开大学学生会优秀中层""南开大学优秀学生干部"。在同学眼中，栾雨是一个阳光有趣、十项全能的学霸。

综合发展让栾雨拥有开朗的性格和成熟的心态。在他看来，真正的最强大脑不仅要有"最强大脑"，也要有最强的心态。只有自信，才能在压力和竞争下发挥自己最好的水平，这也是成为最强大脑的必要条件。

专注学习，为了自己的梦想付出 100% 的努力；专注生活，个人爱好和性格全面发展。专注做好每一件事情的栾雨，正印证了他最喜欢的那句写在清华操场上的话——"成长比成绩更重要"。

3　沈宇洲　关键词：独辟蹊径

沈宇洲，东南大学土木工程专业博士，曾获 2015 年全国研究生数学建模竞赛二等奖。从小成绩就好，高中顺利获得了保送北大的资格。然而为了学习喜欢的专业，他最终选择去东南大学念土木工程。沈宇洲本科期间又顺利直博，也就是说，学业上"三座大山"之中的两座——高考、研究生考试，他全都免考过关。

沈宇洲的专业方向主要是土木结构，工作主要是参与大型体育场馆、桥梁、会展中心、火车站等建设。目前令沈宇洲最骄傲的是参与 FAST 科研项目，历时三年。FAST 是 500 米口径球面射电望远镜的简称，又被誉为"中国天眼"，它是具有我国自主知识产权、世界最大单口径、最灵敏的射电望远镜。

沈宇洲找到了适合自己的学习方法，他的笔记简单，重点突出，别人看不明白，但是他自己非常清楚。沈宇洲高中的时候会看大学书籍，所以做数学作业会研究多种解法。老师上课讲完，他下课就会去跟老师说更优的解法，然后老师再去讲给其他学生听，还起个名字叫"沈宇洲解法"。

除了学习之外，沈宇洲还痴迷于逻辑推理、侦探破案等需要脑力的小说，他读过阿加莎·克里斯蒂的所有小说，也爱看《福尔摩斯》这样的推理剧，严重烧脑的电影《穆赫兰道》也是他的心头好。

4　石泽鹏　关键词：极致之美

石泽鹏是南开大学的研究生。他小学时初露锋芒，获得了华罗庚数学邀请赛一等奖；初中再接再厉，拿下了省数学联赛一等奖；高中也顺风顺水，成功获得省数学联赛一等奖；大学时一如既往地获得全国大学生数学竞赛（非数学类）一等奖。

石泽鹏说："其实我不能算学霸，我是个十足的'偏科生'。但是我就想把数学学到极致，学到我的极限。"石泽鹏与数学之间有着"不解之缘"。童年时在机缘巧合下，石泽鹏参加过数字运算训练，每每小测验都能获得不错的成绩，这让他在训练中慢慢对数学产生了好感。老师也察觉到了石泽鹏在数学上的天赋，看中了他这棵"好苗子"，决定专心培养他。石泽鹏并没有辜负老师的期待，甚至是拿到了远超预期的好成绩。从此以后，石泽鹏每参加一次数学竞赛就能拔得头筹，内心逐渐充满对数学的强烈热爱，于是花更多的心思在这上面，从而再获得更好的成绩。随着时间的推移，这种良性循环的学习模式让石泽鹏对数学有着浓烈的热忱。

石泽鹏随性低调，在对自己感兴趣的事情上会显得热情主动，否则就有一些冷淡，他想把时间效益最佳化。他没有"拖延症"，不喜欢把任务或者作业拖到截止日期才交，在群体分工任务中会认真且高效地完成自己的部分。他有一点像是独行侠，对于能够独立完成的事情，他从不会刻意去麻烦别人，而是选择自己完成。独行是一种生活态度，也是一种人生选择。石泽鹏有自己的步调和想法，坚持自我。

生活中的石泽鹏经常会浏览时政新闻，空闲了会骑着自行车到处转，放松自己紧绷着的大脑。他还喜欢看电影，在观看中体验人生百态。石泽鹏尤其喜欢《请回答1988》和欧·亨利的小说，这些贴近生活的经典常常能带给他意想不到的惊喜。

5 李明辉　关键词：个性表达

李明辉是一名热爱编程的女生。她很小的时候就对计算机感兴趣，自学了 2 门编程语言，可以说是无师自通、自学成才。而且学编程没多久，她就用 Pascal 语言开发出一个安卓系统的复合计算器。除了开发软件，她和小伙伴还经常在网络上"搞恶作剧"，尝试寻找一些程序漏洞，在合法的范围内测试下自己研发的黑技术，她的梦想是做一个正义的"黑客"，用一流的编程技术守卫数字世界的和平。

而她的结缘是来自于父母的言传身教。李明辉妈妈是财务经理，爸爸是电气工程师，一个与数字打交道，一个与代码打交道，天然就是编程者成长的良好家庭环境。更重要的是，父母很尊重她的选择，不会以长辈的身份去强迫她做不喜欢的事，而是站在平等的角度跟她交流、谈心。李明辉非常感激自己的父母并不完全当她是"小孩子"，愿意倾听她的想法，支持她学习编程。

6 王清怡　关键词：从小立志

王清怡，就读于北京理工大学电子信息专业，2015 年的时候获得全国中学生生物联赛省级二等奖。

王清怡独立思维能力强，现在学习的专业是根据自己的爱好选择的。要追溯起对电子信息专业的热爱，就要说到小时候父母带王清怡参观中科院电子学研究所，懵懂幼小的她无意间看到相关实验，当时就觉得这非常有意思，于是就萌生了想要学习这个专业的想法。久而久之，王清怡已经把它当做了人生目标。

王清怡觉得目前本科浅显的知识已经不能满足她了，为了更好地学习电子信息专业的知识，在都是研究生的教师父母的意见下，王清怡下定决心要考研，真正学习领悟一些专业核心的东西。

7 卜玮 关键词：从零开始

卜玮就读于浙江师范大学物理专业，是个聪明而独特的女孩。

她对数字非常敏感，回忆事情时总能精确到几日几点。例如说自己高中时候的一件转折事情的时候，她脱口而出是"2013年11月11日星期一早上9点"。无论是多久以前，出去旅游的日子也能历历在目："2014年3月1号杭州一日游，4月5日合肥一日游，4月12日杭州一日游"等。

卜玮自小就是一个十足的学霸，拿奖拿到手软的"传说中的孩子"，国家级奖项有2个，省级有10个。她的自学能力也超强，初高中所有的理科课程，她用了一个暑假就自学完成，高中时更是能够解出全班同学束手无策的难题。

卜玮对竞赛有着自己独特的见解。她从来没有参加过理科竞赛班专业的训练，每一次都是靠自学理科竞赛题，但却总能在实际竞赛中一鸣惊人。卜玮最讨厌题海战术，认为掌握知识的最高境界应该是抛弃一切套路，纯粹根据题目出发，根据题目的意思和已经知道的定义来解决问题，解决排列组合题目更要充分发挥想象力，不拘泥与无套路。用最少的知识去解决能力范围内最困难的题目被她视为最大的乐趣。

8　郑林楷　关键词：享受过程

郑林楷，就读于清华大学计算机系，热爱编程，多次获得全国青少年信息学奥林匹克联赛一等奖、全国信息学联赛一等奖等奖项。凭借优秀的编程成绩，经过自主招生保送至清华大学。

郑林楷的成功离不开妈妈的辅导。郑林楷两三岁的时候，妈妈每天晚上都会拿着一本《小学生必读古诗》，为郑林楷读诗。每首诗读过几遍之后，他就可以自己背出来。不到四岁，郑林楷就已经背下了书中的七八十首古诗。

在郑林楷妈妈眼里，父母的陪伴和引导对于孩子的成长至关重要。从郑林楷上小学开始，她就辞去工作成为一名全职妈妈，每天督促郑林楷学习，晚上检查作业，指正错漏，绝不拖延，帮他养成了良好的学习习惯。

郑林楷平时很自觉，几乎不玩游戏，但每次比赛前都会抱着平板电脑玩音乐游戏，随着音乐快速敲击不同的按键。对他来说，这是一种放松的方法，也帮助他锻炼了极快的手速和反应速度，在"数字华容道"等比赛项目中游刃有余。

每场"最强大脑"比赛前，郑林楷都会花费大量的时间进行训练。擅长编程的郑林楷，将比赛项目编程成电脑程序，极大地提高了训练效率。尽管如此，他仍然每天从早上训练到夜晚，不懈追求更高的目标。

成为"全球脑王"之后,郑林楷从"最强大脑"比赛回归校园生活,仍然为学业努力,在期中期末认真复习;仍然参加学校组织的活动,享受着踏实稳健的学业生活。正如郑林楷所说"荣誉只代表过去,奋斗成就未来。接下来,我还是想把更多精力放在学业上,收获更多的精彩。"

9 凡正阳/凡广宽　关键词　陪伴式成长

凡正阳,14岁,北京大学附属中学初二学生。和爸爸凡广宽一起报名参加了"最强大脑"。在比赛中发挥出色,在32强中名列第二,最终入选全球总决赛中国战队。凡广宽,41岁,毕业于上海交通大学,现在是一名高级电力工程师。陪儿子凡正阳训练题目,顺利闯入"最强大脑"百强名单,是历届比赛中年龄最大的选手之一。

被称为"最强父子档"的凡广宽、凡正阳,对参加"最强大脑"都有着很深的感触:对凡广宽来说,自己参赛纯属意外,更期待的是凡正阳在"最强大脑"舞台上展示自己的实力,同时激发他更多的潜力。从结果来看,已经超乎凡广宽的意料。对年幼的凡正阳而言,这段经历十分宝贵。随着在比赛中一步步晋级,凡正阳的自信心不断增加,遇到的种种困难和挫折,也鼓励他增强责任心和进取心。另一方面,节目带来的关注与曝光,也让凡正阳逐渐具备了正确认知与识别事物的能力。

凡正阳是如何被培养成为"最强大脑"的?很多人都会问凡广宽这个问题。凡广宽说,自己从来没有刻意培养凡正阳的思维能力,只是从幼儿园开始就带他做逻辑推理类的测试题,包括依据多个线索的破案游戏、扫雷游戏等。后来,凡正阳开始接触魔方、数独这些比较复杂的脑力游戏。凡广宽为了陪孩子，自己主动去学习，和凡正阳一起玩。从简单到复杂，孩子和父母共同进步，才能有共同语言。

陪伴，是凡广宽在家庭教育中始终坚持的原则。"不论是学习还是玩耍，父母都要多从孩子角度考虑问题，多切身参与到孩子的成长过程中。"凡广宽说道。这种参与并不是对孩子提出要求或者追问，而是与孩子平等交流。比如孩子感兴趣的话题，可以鼓励他多说一些；他不感兴趣的话题，家长可以从老师或别的渠道去了解，不能指望仅仅靠和孩子交流就全面了解他。

谈到父亲对自己的陪伴，凡正阳分享了一个小故事：生活中遇到好奇的问题，凡正阳都会直接问爸爸，然后凡广宽会认真告诉他问题的答案，从不敷衍。凡正阳在小学阶段就开始住校，周五回家路上，常常会接连不断地提问，比如路上看到一个广告牌子就会问这个企业是干什么的。日积月累，凡正阳从爸爸的解答中学到了很多百科知识和生活常识，也养成了动脑筋的习惯。

在陪伴的同时，凡广宽也保持着引导式教育，避免过多干涉孩子的成长。"放手让孩子自己选，不强迫他做选择，而是支持、鼓励他自己的选择，但一旦选择了就需要设定一定的条件，避免孩子中途随意放弃。"

在凡广宽眼里，凡正阳并不是别人说的"天才"，而是一个普通的孩子。包括他在内的很多"最强大脑"选手，在某些项目和某方面能力特别突出，这些都是通过训练不断提升的。凡正阳取得的成绩，最主要来源于自己的努力付出。

从小学开始，凡正阳就参加数学竞赛、魔方、数独等各个项目的比赛，还没上初中，家里就已经积累了上百张荣誉证书。"只要是我觉得有意思的比赛,爸爸都会支持我参加。"凡正阳说道。

对凡正阳的未来发展,凡广宽也没有明确的要求,只希望儿子能像他取名时的期望那样,做一个平凡但是正直阳光的男子汉。至于职业规划,就完全由凡正阳自己决定。